Ultimate
Science Quiz

腦力&創意工作室——編著

每天玩一點

科學遊戲

全世界聰明人都在玩的科學遊戲

前　言

在我們的印象中，科學經常是以一副冷冰冰的嚴肅面孔出現。那些抽象的專業名詞，深奧的概念術語，以及許許多多難懂的符號公式，像一道無形的牆把科學和日常生活遠遠隔開。

雖然科學家能體會到實驗帶來的無窮樂趣，但對於尚未入門的我們來說，想要弄懂科學原理確實是一件難事。不過有辦法，那就是玩科學遊戲，從遊戲中學知識，在遊戲中找樂趣。

科學遊戲是一種利用科學原理，透過簡單和極具趣味的遊戲方式，來訓練科學思維、態度，啟發創造發明的活動。

歷史上，許多偉大的科學發現就是從遊戲中獲得的靈感。俄國化學家門捷列夫平日手裡總捏著一副紙牌，顛來倒去，理好又打亂，亂了又重排。原來，他在每張牌上都寫有一種元素的名稱、性質、原子量等資訊，共63張，代表著當時已發現的63種元素。最終，門捷列夫創立元素週期表。利貝斯海觀看孩子遊戲時，突發靈感將兩片透鏡裝在一個筒子裡，試製成功了世界上第一台望遠鏡。1816年的某一天，在法國巴黎的市郊，有一群孩子圍著一堆木頭在玩耍。其中一個孩子用大鐵釘在木頭的一端不停地敲打，其他孩子在另一端用耳朵貼著木頭聽。這時，一位剛給心臟病患者看病回來的醫生恰好路過，也好奇地湊上前去傾聽。立刻，一陣陣真切清脆的敲擊聲傳入耳朵，當耳朵離開木頭，聲音就變得微弱。醫生因此受到啟發，發明了世界上第一個聽診器……

遊戲不僅可以用來引發科學靈感，還可以用來解讀科學原理，其中最直接的方式就是做實驗。透過動手操作，你就會發現在高樓深院裏那些學者們不為人知的「神秘活動」既不枯燥，也不乏味，而是妙趣橫生。

你見過不用通電就可以點亮的燈泡嗎？你信不信水火可以相容呢？你想親

手做一個保溫瓶嗎？你想成為一個「百事通」嗎？是什麼魔力讓紙做的花慢慢開放的？可樂罐又是怎樣自己跳起舞來的？冰塊如何讓熱水沸騰？還有更神奇的——水壺會浮在空中；雞蛋能懸在杯沿上；水的光束能自動轉彎，還可以把水打個結；用鐘錶也能測出方位……在這些看似神奇又不可思議的科學遊戲中，只不過是利用了一些簡單的科學原理，就能創造出讓大家眼前一亮的奇蹟。

　　這本有關科學實驗的遊戲書，將會用圖文對照的方式陪伴你走過一段妙趣橫生、奇異魔幻的科學之旅。編者精心挑選的科學遊戲，有的是歷史上科學大師們當年做過的經典實驗，有的是最近新發現的自然現象，還有的是趣味十足的魔術揭秘。旨在用隨手可得的材料、簡明易懂的步驟、驚奇有趣的結果，寓科學原理於遊戲中。它將幫助你突破思維的暗礁，領略科學的奧妙，用知識來改變生活。

　　做這些遊戲的時候，你不僅會陶醉於科學的奇妙，還有可能萌生新的科學構想。如果你對物理和化學心生畏懼，無論怎麼努力也無法記住那些讓人感覺枯燥的公式和原理，不妨翻開這本書。所謂興趣是最好的老師，我相信，你一定可以從這些輕鬆有趣的遊戲中找到學習的動力之源。

　　科學就在你身邊，還猶豫什麼呢？快加入我們的行列，一邊快樂做遊戲，一邊輕鬆學知識，讓神秘盡在你手中實現吧！

　　最後，編者需要提醒一下閱讀本書的青少年朋友，書中有部分科學實驗需要用到化學原料和火，具有一些危險性，請在家長或老師的陪伴下進行，以確保安全。

GO! >>

第一章
奇妙的化學世界　　12

第二章
多彩的物理王國　118

第三章
神奇的生物世界　　335

第四章
和人體有關的小遊戲　　363

1

第一章
奇妙的化學世界

$$E = MC2$$

$$C_xH_yO_z = \frac{M - z \times 16}{12}$$

第一節

千奇百怪的化學天地

1、冰塊燃燒

　　常言道：「水火不容。」然而在科學領域，這句俗語被打破了：跳躍的火焰在冰塊上燃燒，水火相容在一起。更令人驚奇的是，使冰塊上燃起火焰的，不是火柴，不是打火機，也不是其他明火，而是一根玻璃棒。燃燒的冰塊持久不息，令人稱奇。趕緊嘗試一下這個科學遊戲吧！或許你會站在家庭聚會的舞台上，給眾人表演一段魔術呢！

遊戲道具

　　碟子一個，高錳酸鉀一粒或者兩粒，濃硫酸適量，玻璃棒一根，電石一小塊。

遊戲步驟

第一步：將高錳酸鉀研磨成粉末放入碟子內。

第二步：往碟子裡面滴入幾滴濃硫酸，用玻璃棒攪勻。

第三步：將電石固定在冰塊上，然後用玻璃棒觸碰冰塊。

遊戲現象

　　冰塊立刻燃燒起來。

科學揭秘

　　電石的化學名稱叫碳化鈣（分子式：CaC_2；外觀與性狀：無色晶體，工業品為灰黑色塊狀物，斷面為紫色或灰色；熔點（℃）：2300；主要用途：是重要的基本化工原料，主要用於產生乙炔氣，也

用於有機合成、氧炔焊接等）。

　　冰塊表面殘留少量的水，電石遇水後發生反應，產生一種名叫電石氣的氣體。電石氣化學名稱是「乙炔」，是一種易燃氣體。玻璃棒上的高錳酸鉀和濃硫酸，都是活動性很強的氧化劑。高錳酸鉀、濃硫酸和電石發出的乙炔氣混合在一起，能使乙炔氣迅速達到燃點，將乙炔氣點燃。乙炔氣點燃後形成高溫，使冰塊融化速度加快，產生更多水。這些水加速了和電石的反應，進而形成更多乙炔氣。這樣的複合反應，使冰塊上的火越燒越旺。

遊戲提醒

　　電石對人體健康有危害，操作不當會引起皮膚瘙癢、炎症、「鳥眼」樣潰瘍、黑皮病。所以在操作這個科學遊戲的時候，要謹慎，儘量避免電石接觸皮膚。

2、複製報紙圖片的方法

做完這個實驗，你就會驚奇的發現：原來報紙上的照片和圖畫複製出來是如此的簡單！

遊戲道具

清水、松節油、洗滌劑各適量，小勺一支，海綿一塊、白紙一張。

遊戲步驟

第一步：取兩勺清水，一勺松節油和一勺洗滌劑混合在一起。

第二步：用一塊海綿沾著這種混合液，輕輕按塗在報紙上有照片和圖畫的地方。

第三步：覆蓋上一張普通白紙，用一支小勺的背面用力碾壓白紙，報紙
上的圖像就會清晰的複製出來。

遊戲現象

報紙上的圖案清晰地印在白紙上。

科學揭秘

松節油和洗滌劑混合，產生了一種感光乳膠，會浸入乾燥的油墨染
料和油脂之中，使其重新液化，將圖案印在白紙上。

遊戲提醒

上述的感光乳膠只能化解
報紙的油墨，雜誌上的彩色圖
片，因含有過多油彩，很難化
解。

3、懸掛在半空中的液體

人常說：「人往高處走，水往低處流。」你見過懸掛在半空中的水嗎？可能有人說，瀑布就是懸掛在半空中的，但瀑布是流動的。下面這個科學遊戲，可以讓你大開眼界。

遊戲道具

濃度為百分之九十五的藥用酒精和去離子水（蒸餾水亦可代替）各適量，兩個乾淨的燒杯，兩個乾淨的量筒。

遊戲步驟

第一步：用兩個量筒分別量取去離子水和酒精各50毫升；

第二步：將兩種液體混合在燒杯中，搖晃燒杯三十秒鐘。

遊戲現象

你會發現，燒杯內壁上「懸掛」了不少液體，透過潔淨透明的杯壁遠遠看去，那些液體就像懸掛在半空中一樣。

科學揭秘

內聚力是同物質分子之間的吸引力；附著力是不同物質相接觸部分之間的吸引力。酒精的內聚力小於水；酒精對玻璃壁的附著力大於水。水和酒精混合後，水的內聚力和酒精的附著力相互作用，形成了液體「懸掛」的現象。

遊戲提醒

① 酒精和水的比例至少需要1：1，這樣才能清晰觀察酒精分子附著在
杯壁上的現象。

② 鑑於酒精極易蒸發的特性，兩種液體混合後，要立即觀察。

③ 這個科學遊戲需要在光線較亮的場所進行。如果室內光線太弱則不
易觀察，把燒杯拿到較光亮之處。

④ 酒精的濃度必須很高，才能使更多混合液懸掛在杯壁上，便於觀
察。

⑤ 玻璃杯或者量筒要十分乾淨，否則不利於混合液的懸掛。

4、味道甜美的「滅火器」

　　紅色的、鐵製的外殼；噴灑著濃稠的泡沫——提起滅火器，人們都會想起這些特徵。但是，有一種滅火器，味道甜美，清涼可口，你知道是什麼嗎？看了下面這個科學遊戲，你自然就會明白。

遊戲道具

　　火柴一盒，一瓶汽水，一個玻璃杯。

遊戲步驟

第一步：將汽水打開，倒入玻璃杯。

第二步：點燃火柴，移動到玻璃杯上方。

遊戲現象

你會看見，原本燃燒旺盛的火柴一下子就熄滅了。

科學揭秘

汽水就是一個味道甜美的「滅火器」。

汽水中富含大量二氧化碳，汽水打開倒入玻璃杯後，玻璃杯液面上聚集了大量氣泡，這些氣泡就是二氧化碳氣體。燃燒的火柴放置汽水上方後，受到上升的二氧化碳氣體的衝擊，驅走了火柴周圍的氧氣，火柴就會缺氧熄滅。

二氧化碳的密度較高，大約為空氣的1.5倍，能夠排除空氣，包圍燃燒物體的表面，稀釋燃燒物體周圍的氧氣濃度，使燃燒物體產生窒息而熄滅。火柴在汽水上面自動熄滅，就是這個原理。

5、濾網可以隔斷火焰嗎？

大孔眼的濾網，可以過濾下面的火焰嗎？

遊戲道具

蠟燭一根，金屬濾網一個，打火機一個。

遊戲步驟

第一步：用打火機點燃蠟燭。

第二步：將金屬濾網放在火焰上，觀察現象。

遊戲現象

在此遊戲之前，你一定會認為火焰一定能從濾網中穿過。認知和科學真理之間，總有一定的差距，事實上，火焰一直在濾網之下燃燒，而無法穿過濾網的網眼，蔓延到濾網上面去。

科學揭秘

可燃氣體發出的光和熱，稱之為火焰（火焰正確地說是一種狀態或現象，是可燃物與助燃物發生氧化反應時釋放光和熱量的現象。可

燃液體或固體須先變成氣體，才能燃燒而生成火焰）。而金屬則是熱的良導體，會很快將周圍的熱量散發出去。金屬濾網上層的空氣熱量，被金屬濾網散發出去了；濾網上層的空氣達不到燃點，也就無法燃燒了。這個金屬濾網就像一個隔熱器，將燃燒全部限制在濾網下面了。如果你仔細觀察，會發現蠟燭冒出的煙，可以自由地從濾網網眼中穿過。

遊戲提醒

　　要採用金屬濾網，塑膠濾網會被燒焦；使用金屬濾網的同時要注意保護雙手，別被灼傷。

6、神奇的「燃燒」現象

　　燃燒屬於一種化學現象。我們知道，燃燒需要一定條件，必須有助燃物、可燃物和火源。在助燃物中，氧氣是最重要的物質之一。下面這個遊戲，能讓你看到氧氣在燃燒中減少的清晰過程。

遊戲道具

　　湯碟一個，玻璃杯一個，打火機一個，蠟燭一根，黑墨水或紅墨水少量。

遊戲步驟

第一步：將蠟燭固定在湯碟中央。

第二步：往湯碟裡面加清水適量，滴上幾滴墨水，使清水染色。

第三步：點燃蠟燭。

第四步：往蠟燭上倒扣一個玻璃杯，將燃燒的蠟燭罩住，觀察現象。

遊戲現象

蠟燭在點燃的過程中，逐漸有水進入玻璃杯內；不一會兒蠟燭熄滅，湯碟裡面的水也停止往玻璃杯內進入了。

科學揭秘

空氣是由多種氣體和物質組成的，包括了21%的氧氣、78%的氮氣，剩餘的是水蒸氣、二氧化碳氣體和其他氣體。倒扣在湯碟的玻璃杯裡面，充滿了空氣，氧氣的成分佔據了空氣的21%。我們知道，蠟燭在空氣中燃燒，是要消耗氧氣的。當玻璃杯裡面的氧氣被燃燒殆盡的時候，玻璃杯裡面的空氣減少，氣壓減低；玻璃杯外面的氣壓高於玻璃杯裡面的氣壓，水被外面的氣壓壓進了玻璃杯。

7、可樂「大變身」

在炎熱的夏季，喝上一杯清涼可樂或者雪碧，能迅速消解暑熱，除去焦渴。大家都知道可樂是一種淡褐色的液體；雪碧則是一種透亮清澈的液體，兩種飲料在色澤上區別很大。下面這則科學遊戲，能讓可樂搖身變成雪碧，你相信嗎？

遊戲道具

空可樂瓶一個，燒杯一個，酒精50毫升，糯米紙一張，蒸餾水、碘片、硫代硫酸鈉（大蘇打）各適量。

遊戲步驟

第一步：在可樂瓶內注入四分之三的蒸餾水。

第二步：將酒精倒入燒杯中，放進碘片適量，搖勻後倒入可樂瓶中；一邊添加一邊震盪可樂瓶，直到可樂瓶中的液體顏色變成和可樂相似的顏色為止。

這樣，一瓶以假亂真的「可樂」就製作好了。

下面是可樂變雪碧：

第一步：在擦拭乾燥的可樂瓶蓋中放入硫代硫酸鈉（大蘇打）粉末，然後將糯米紙覆蓋在瓶口上。

第二步：擰緊瓶蓋。這一步很關鍵，瓶蓋一定要擰緊，不能使可樂瓶內灑入蘇打粉末。

第三步：用力搖動可樂瓶。

遊戲現象

這時候，你會發現如真包換的「可樂」瞬間變成了無色透明的「雪碧」。

科學揭秘

可樂瓶內以假亂真的褐色「可樂液體」，其實就是碘溶液。碘溶液和瓶蓋內的大蘇打粉末發生氧化還原反應，碘溶液的顏色被還原成了原本清澈透明的顏色。

遊戲提醒

這種如真包換、以假亂真的「可樂」和「雪碧」，是絕對不能當作飲料飲用的。

8、手帕變色──老師表演的魔術

　　化學課上，新來的老師給同學們做了一個小遊戲。他張開雙臂，一隻手拿著一個綠色玻璃瓶；另一隻手拿著兩條紅色手帕。

　　「同學們看好了，我能讓這兩條紅手帕，變成黃色和白色。」老師學著舞台上魔術師的腔調，學生們笑了起來。

　　老師將灑水的手帕放入瓶子內，不一會兒，一條手帕變成了黃色，另一條手帕變成了白色，學生們用不解的目光看著老師，你知道這是怎麼回事嗎？

遊戲道具

　　兩條紅手帕，一個裝著氯氣的玻璃瓶，少許自來水。

遊戲步驟

第一步：在手帕上灑少許水。

第二步：將兩條手帕放入瓶子內，蓋好蓋。

遊戲現象

片刻後，取出其中一條手帕，看到手帕變成了顏色；蓋上蓋子再稍等一會兒，取出另一條手帕，發現手帕變成了白色。

科學揭秘

氯原子在乾燥低溫狀態下，不太活潑，但遇到水後，會產生劇烈反應，迅速變得活潑「好動」。沾水的手帕和氯氣接觸，氯氣溶於水，形成了鹽酸和次氯酸。次氯酸性能多變，容易分解。分解後的次氯酸釋放出的氧氣，成為一種性能很強的氧化劑。濕潤的紅手帕在這種環境下，由紅色變成黃色，再由黃色變成了白色。

由於氯氣具有很強的退色作用，所以在工業上，氯氣做為一種漂白原料，得到了廣泛應用。

遊戲提醒

氯氣有毒，有劇烈的窒息性臭味，對人的呼吸器官刺激強烈。所以在做這個科學遊戲的時候，要注重自我保護，在通風的環境中進行。

9、燃燒的糖塊

　　糖能燃燒嗎？點亮蠟燭，取一塊糖果放在火焰上，看到糖果在融化，卻並不燃燒。你可能要得到「糖果不能燃燒」的結論。事情的本質，往往藏在表象之後。做完下面的這個科學小遊戲，事情的真相就會一目了然。

遊戲道具

　　火柴（或者打火機），蠟燭一根，香菸灰少許，西餐叉子一支，一塊糖。

遊戲步驟

第一步：用火柴點亮蠟燭。

第二步：往糖上撒一些香菸灰，用西餐叉子叉住糖果，將糖放在火焰上。

遊戲現象

　　你會發現，這塊糖就像紙一樣燃燒了起來。

科學揭秘

　　鋰的化學特性十分活潑，還是一種良好的催化劑，對某些化學反應能起到加速作用。菸草裡面富含大量鋰化合物，香菸

燃燒後的灰燼，裡面富含大量鋰。糖果表面灑上富含鋰的灰燼後，鋰催化了糖果的燃燒。

遊戲提醒

在進行這個科學遊戲之前，先將沒有撒灰燼的糖果在蠟燭火焰上烤，來做一下比對。

10、藍色的晴雨花

　　科技館的展廳門前，有一朵藍色的花，它既沒有芳香，也不能生長，卻有一種其他花兒所沒有的本領：告知天氣的陰晴。

　　你想知道其中暗含的玄機嗎？

遊戲道具

　　二氯化鈷溶液，塑膠花一朵，花瓶一個。

遊戲步驟

　　將塑膠花在二氯化鈷溶液中浸泡，然後插在花瓶中。分別在晴天、陰天和雨天，觀察花兒的顏色。

遊戲現象

晴天，晴雨花呈現藍色；下雨前，晴雨花呈紫色；下雨天，晴雨花就變成了粉紅色。

科學揭秘

二氯化鈷有一個怪脾氣：對水分特別敏感。常溫晴天狀態下，二氯化鈷很難吸收水分，所以呈藍色；隨著空氣中水分的增加，二氯化鈷吸收了空氣中的一小部分水分，晴雨花表面的二氧化鈷，一部分變成了鈷的絡合物，所以呈顯出了紫色；下雨的時候，空氣中水分急劇增加，晴雨花表面的二氧化鈷，完全變成了鈷的絡合物，所以呈現出了粉紅色。

所以，較為科學的說法是：「晴雨花」只是一個具體的稱呼，它並不能告知人們天氣晴朗還是隱晦，而是隨著空氣中的水分含量來變化的。

11、神奇的水底公園

　　學會下面這個科學遊戲，你就可以給小朋友們現場製作水底公園了。這聽起來簡直不可思議，但事實就擺在你面前。

　　一個玻璃缸內，盛滿了清水，放入幾顆米粒大小的小石塊，你會發現，水缸內長出了各式各樣的枝條，枝條縱橫交錯，綠色的葉子繁華茂盛，鮮豔的花朵不斷盛開。

遊戲道具

　　玻璃缸一個，20%矽酸鈉水溶液適量，氯化亞鑽、硫酸銅、硫酸鐵、硫酸亞鐵、硫酸鋅、硫酸鎳各適量。

遊戲步驟

第一步：將無色透明的矽酸鈉溶液倒進玻璃缸。

第二步：往玻璃缸內分別撒幾粒氯化亞鑽、硫酸銅、硫酸鐵、硫酸亞鐵、硫酸鋅、硫酸鎳，觀察現象。

遊戲現象

　　一個神秘多彩的水底公園，會呈現在你面前。

科學揭秘

　　玻璃缸內的矽酸鈉水溶液，俗稱水玻璃；氯化亞鑽、硫酸銅、硫酸鐵、硫酸亞鐵、硫酸鋅、硫酸鎳等物質，分別是有色鹽類小晶體。上述小晶體和矽酸鈉水溶液發生化學反應，分別生成了：

矽酸亞鑽：呈紫色　　　　矽酸銅：呈藍色

矽酸鐵：呈紅棕色　　　　矽酸亞鐵：呈淡綠色

矽酸鎳：呈深綠色　　　　矽酸鋅：呈白色

這些五顏六色的生成物，足以構造成一個美麗神秘的水底花園了。

上述小晶體和矽酸鈉水溶液的反應，是非常獨特而且有趣的：當小晶體和矽酸鈉水溶液接觸後，小晶體的表面，迅速生成一種不溶解於水的矽酸鹽薄膜。這層矽酸鹽薄膜拒絕其他分子通行，只允許水分子進入。水分子進入矽酸鹽薄膜之後，迅速將小晶體溶解並膨脹，將薄膜撐破，形成了新的薄膜；水再次進入薄膜，再次溶解、破裂；如此反覆循環。薄膜破裂後生成了各式各樣的形狀，比如樹枝、花朵、葉子等，看上去就像一座美麗的水底公園在生生不息地生長繁衍。

遊戲提醒

① 在遊戲過程中，盛水的玻璃缸禁不起一點震動，否則會使玻璃缸內的水底公園發生地震，裡面的「植物」也會枝葉折斷。

② 每種小晶體投放的時候，要在玻璃缸內各有各的位置，避免交叉混淆，否則會使水底公園變得混亂不堪。

③ 為了使矽酸鈉溶液更加清澈透明，可以用濾紙進行過濾。

④ 為了增加水底公園的逼真效果，還可以在玻璃缸底部舖上一層乾淨的細沙。

12、火猴變長蛇

　　一個唯妙唯肖的工藝猴，轉瞬之間變成了一條蜿蜒沖天的長蛇，飛升而去。這不是神話傳說，而是實實在在的課堂小遊戲。

遊戲道具

　　玻璃棒一根，硫氰化汞適量，水和膠水各少許，蔗糖和硝酸鉀各適量，酒精少許，濃硫酸和高錳酸鉀混合液少許。

遊戲步驟

第一步：取硫氰化汞適量，蔗糖和硝酸鉀各少許，混合在一起，摻入微

量膠水，用少量水混合後，捏成一個小猴子。

第二步：小猴乾燥後，在小猴頭部鑽一個小孔，滴入幾滴酒精。

第三步：玻璃棒上沾取少量高錳酸鉀和濃硫酸的混合液，點擊猴子頭部。

遊戲現象

工藝猴燃燒起來，一條類似蜿蜒長蛇的黃色煙氣沖天而起。

科學揭秘

高錳酸鉀具有很強的氧化性，和濃硫酸混合後，是很強的助燃劑。和猴子頭部的酒精接觸後，酒精立刻燃燒了起來，隨即整個工藝猴開始燃燒。因為工藝猴中有硝酸鉀，硝酸鉀燃燒後釋放出大量氧氣，這更增加了工藝猴的燃燒速度。工藝猴裡面的硫氰化汞受熱時膨脹，形成了騰飛而起、類似於蜿蜒長蛇的黃色煙霧。

遊戲提醒

黃色煙霧生成時，會發出難聞的氣味，所以遊戲要在通風的場所中進行；黃色氣體升騰時，會有煙灰飛騰，注意不要吸入口鼻。此實驗最好有師長陪同。

13、小木炭跳出的優美舞姿

小木炭也能跳出優美的舞姿，這樣的景象並非出現在童話卡通片裡面，神奇的科學，會給你帶來全新的視覺感受。

遊戲道具

小豆粒大小的木炭一塊，4克固體硝酸鉀，試管一個，酒精燈一盞，打火機一個，鐵架一個，鐵夾子一支。

遊戲步驟

第一步：將固體硝酸鉀裝入試管中，用鐵夾子固定在鐵架上（試管上下呈直立狀）。

第二步：打火機點燃酒精燈，持續給試管加熱，直到固體硝酸鉀融化。

第三步：將小木炭放進試管中，繼續加熱，觀察現象。

遊戲現象

不一會兒，你會發現小木炭在試管中突然跳躍起來，一會兒翻轉身姿，一會兒上下跳躍，灼熱的紅光劃出優美的弧線。

科學揭秘

小木炭剛剛被放置到試管內的時候，試管內的溫度還比較低，所以木炭會靜止一段時間；

繼續給試管加熱，木炭達到燃點後，和硝酸鉀發生了劇烈的化學反應，釋放出大量熱能，致使木炭燃燒發光。高溫的硝酸鉀釋放出大量二氧化碳氣體，氣體頂著小木炭上下運動。當小木炭向上運動的時候，小木炭和硝酸鉀分離，反應中斷，二氧化碳氣體也就不再產生了；當小木炭下落到硝酸鉀表面的時候，反應再次開始，小木炭又被釋放出來的二氧化碳氣體頂上去，如此循環往復，小木炭也就開始了它的「跳舞之旅」。

14、沉浮自如的雞蛋

　　一個雞蛋在一個盛滿液體的燒杯中，一會兒上升浮起，一會兒下降沉底。這個任意沉浮的雞蛋，既沒有神仙指使，也沒有鬼怪差遣，裡面蘊含著科學道理。

遊戲道具

　　雞蛋一個；稀鹽酸溶液適量，燒杯一個。

遊戲步驟

第一步：將稀鹽酸倒入燒杯中。

第二步：雞蛋放入燒杯中，觀察現象。

遊戲現象

雞蛋放入燒杯後立刻沉了下去，不久又浮了上來，接著又沉入了杯底，過了一會兒再次浮起，就這樣反覆數次。

科學揭秘

雞蛋殼的主要成分是碳酸鈣。碳酸鈣遇到稀鹽酸產生化學反應，生成氯化鈣和二氧化碳氣體，其反應式如下:$CaCO_3 + 2HCl \rightleftarrows CaCl_2 + CO_2$（氣）$+ H_2O$

雞蛋放入稀鹽酸溶液後，產生大量二氧化碳氣體，二氧化碳氣體將雞蛋包圍，氣體形成的氣泡緊緊依附在蛋殼上，進而產生了較大的浮力，雞蛋在浮力作用下開始上升。雞蛋上升到液體液面的時候，氣泡所受的壓力減小破裂，二氧化碳氣體擴散到空氣中，浮力減小，雞蛋下沉。當雞蛋再次沉入杯底的時候，雞蛋殼中的碳酸鈣再次和稀鹽酸發生反應，產生二氧化碳氣體，導致雞蛋再次上浮，就這樣反覆數次。

15、水火相容

俗話說：「水火不容。」說的是連小孩都知道的常識，一旦著火，只要一噴水就能滅火。但你可知道，有時水與火也能相容，而且還親密無間呢！

觀察日常生活中的現象：

在煤爐上燒水做飯的時候，若有少量的水從壺裡或鍋裡溢出，灑落在通紅的煤炭上，這時煤炭不但沒有被水撲滅，反而會「呼」的一聲，竄起老高的火苗，這是怎麼回事呢？

科學揭秘

原來，當少量的水遇到熾熱的煤炭時，發生了下列反應：

$C + H_2O \rightarrow CO + H_2$

一氧化碳和氫氣被爐火點燃，頓時發生燃燒，使爐火燒得更旺：

$2CO + O_2 \rightarrow 2CO_2$

$2H_2 + O_2 \rightarrow 2H_2O$

難怪燒鍋爐的工人師傅總是喜歡往爐內裡加一些濕煤，使爐火燒得更旺。

但是，如果把大量的水澆在煤炭上，情形就不一樣了。因為大量的水氣化時，會奪走煤炭燃燒時產生的熱量，使煤炭的溫度驟然下降。同時，水蒸氣又像一條毯子覆蓋在燃燒的煤炭上方，隔絕了煤炭與空氣的接觸，煤由於得不到維持燃燒所需的氧氣，所以火也就很快被熄滅了。

16、檢測指紋的方法

十張乾淨沒有任何觸碰痕跡的紙條，排列在桌子上。凱薩琳對瑪麗說道：「我閉上眼睛，妳用手指任意按一下桌子上的紙條、注意，要用力壓！我能知道妳動過哪個紙條。」瑪麗照凱薩琳的說法做了，凱薩琳不一會兒挑出了瑪麗動過的紙條。

你知道這是為什麼嗎？原來，凱薩琳和瑪麗正在進行的是一個檢測指紋的科學小遊戲。

遊戲道具

試管一個，橡膠塞一個，藥匙一支，酒精燈一盞，剪刀一把，白紙一張，碘少量。

遊戲步驟

第一步：用剪刀將白紙剪成寬度不超過試管直徑的紙條，用手指在紙條上用力壓幾個手印。

第二步：用藥匙取一粒碘，放進試管中，然後將紙條懸放進試管。壓有

手印的一面，最好不要貼在試管壁上。

第三步：點亮酒精燈，將試管在酒精燈上方加熱，試管內出現碘蒸氣後
停止加熱，取出紙條。

遊戲現象

白紙上會清晰地出現棕色的指紋。

科學揭秘

手指上含有油脂，用力壓紙條的時候，油脂黏在紙條上。碘受熱，
升騰出碘蒸氣，碘蒸氣能溶解進黏在紙條上的油脂等分泌物中，所以形
成了棕色的指紋印痕。

17、密函的秘密

在影視劇中我們常常看到這樣的情形：軍方收到了情報專家寄來的密函，打開後卻發現，粉紅色的信紙上，沒有一個字。你知道這樣的密函中，蘊含著怎樣的秘密嗎？

遊戲道具

粉色紙一張，自來水筆一支，盛水瓷盤一個，硫酸鈉水溶液適量，硝酸鋇水溶液適量。

遊戲步驟

第一步：用自來水筆吸取硫酸鈉水溶液，在紙上寫字，然後將寫字的紙晾乾，觀察現象。

第二步：將硝酸鋇水溶液倒入瓷盤中，晾乾的白紙浸泡進溶液中，觀察現象。

遊戲現象

紙寫字晾乾後，上面的字跡消失了；晾乾的白紙浸泡進硝酸鋇水溶液中後，字跡顯現了出來。

科學揭秘

硫酸鈉水溶液無色透明，寫在白紙上晾乾後，什麼痕跡也留不下；紙浸入硝酸鋇水溶液中後，硫酸鈉和硝酸鋇發生化學反應，產生了一種白色物質——硫酸鋇，白色字跡也就在粉色紙上清晰地顯現了出來。

18、踩地雷小遊戲

　　小時候玩的踩地雷遊戲，這下可以在學校的實驗室、或者家裡的客廳內隨意玩耍了。記住，這個遊戲，能檢測你是否具備一個偵探兵的素質哦。

遊戲道具

　　400毫升燒杯一個，漏斗架一個，長頸漏斗一個，濾紙一片，100毫米量筒一個，托盤天平一個，藥匙一支，作攪捧用的木條一根，碘和濃氨水各適量。

遊戲步驟

第一步：將碘研製成粉末，秤取2克，放進燒杯中，注入50到100毫克濃氨水。然後用木條不斷攪拌，使濃氨水和碘充分反應。

第二步：兩分鐘後，將燒杯內的混合液過濾。過濾的時候，讓濾液殘渣聚集在濾紙中央。

第三步：殘渣中如果還有沒有反應完的碘，倒入燒杯中，加入濃氨水進一步反應，再次過濾。這樣數次重複，直至碘和濃氨水充分反應為止。

第四步：將濾紙上的殘渣捏成餅狀，製成數塊，撒到地面上晾乾（大概需要半個小時到一個小時）。

遊戲現象

　　濾餅晾乾後，就可以進行踩地雷遊戲了。參加者只要進入「地雷陣」，腳踩到濾餅，就會聽到霹哩啪啦的清脆爆裂聲。隨著腳步移動，這種爆裂聲持續不斷，遊戲者真的身陷險象環生的地雷陣中了，進退維谷，手足無措。

科學揭秘

　　碘和濃氨水在常溫狀態下發生反應，生成碘化氨。碘化氨是一種暗褐色物質，當其乾燥時，輕微觸動即可引發爆裂聲。爆炸的同時，散發出熱量，產生紫色的碘蒸氣。

遊戲提醒

① 碘化氨十分容易分解，即便在潮濕環境中也容易發生爆炸，所以在玩這個小遊戲的時候，需要小心謹慎，不可多製；製造的碘化氨，不可存留，要一次用完。

② 碘化氨在晾乾後變成了「地雷」，所以在佈置「地雷陣」時，要在濾餅尚未乾燥的時候進行，否則濾餅會在手上爆炸。

19、近距離體驗火山爆發

在好萊塢一些災難片中，你隔著銀幕體驗過海嘯、狂風和暴雨。現在，讓你近距離體驗一下火山爆發的情形，你該不會拒絕吧！

遊戲道具

木板一塊，坩堝適量，泥土適量，高錳酸鉀5克，硝酸鍶1克，重鉻酸銨粉末10克，長滴管一個，甘油少許。

遊戲步驟

第一步：將高錳酸鉀和硝酸鍶混合，擺放在木板中央，混合物的周圍，
堆放重鉻酸銨粉末。

第二步：高錳酸鉀和硝酸鍶混合物周圍，堆放坩堝，坩堝周圍用泥土圍
成山丘狀；山丘上面預留一個小小的「火山口」。

第三步：用滴管滴幾滴甘油到高錳酸鉀上面，人離遠點，觀察現象。

遊戲現象

　　片刻後，會看到有紫紅色的火焰從火山口噴出；緊接著，綠色的火
山灰也噴薄而出。

科學揭秘

　　甘油滴落到高錳酸鉀的混合物上，產生劇烈反
應，釋放出了大量熱能，促使周圍的混合物品燃
燒；與此同時，重鉻酸銨分解生成的
固體殘渣隨生成的氣體噴出。這個
實驗最好有師長陪同。

20、水中燃起的火

火在水裡面燃起，你覺得這可能嗎？

遊戲道具

氯酸鉀晶體十幾顆，黃磷顆粒數粒，濃硫酸少許，玻璃杯一個，玻璃移液管一個。

遊戲步驟

第一步：玻璃杯內盛半杯水，裡面放入氯酸鉀和黃磷顆粒。

第二步：用玻璃移液管吸取少許濃硫酸，滴到玻璃杯內，觀察現象。

遊戲現象

水中燃起了火光，形成了不可思議的水火相容現象。

科學揭秘

黃磷很容易燃燒，而氯酸鉀則富含大量氧。水阻隔了氧氣和黃磷接觸，所以黃磷無法燃燒。

滴入濃硫酸後，濃硫酸和氯酸鉀發生反應生成了氯酸。氯酸即不穩定，釋放出氧氣，氧氣和黃磷接觸發生反應，產生了燃燒現象。這種反應十分劇烈，因此即便在水中，燃燒依然能夠進行。

21、能長毛的工藝鼠

自製的工藝鼠，片刻之間長出了白毛，你知道這是為什麼嗎？

遊戲道具

剪刀一把，鋁皮適量，$HgNO_3$溶液適量，棉籤數支。

遊戲步驟

第一步：用剪刀將鋁皮裁剪成小老鼠形狀（小貓、小狗等都可以）。

第二步：棉籤沾取$HgNO_3$溶液，塗抹在鋁皮上面。幾分鐘後將鋁皮上的溶液擦乾，觀察現象。

遊戲現象

鋁製的工藝鼠，自動長出了細密的白毛。

科學揭秘

鋁的化學特性十分活潑，上面覆蓋著一層緻密氧化膜，和空氣相隔絕。$HgNO_3$溶液塗抹上去後，將鋁表面的氧化膜破壞，生了$Al\text{-}Hg$合金，合金表面失去了氧化膜，和空氣中的氧發生反應，生成了類似於白毛的Al_2O_3。

遊戲提醒

$HgNO_3$有毒有害，在進行科學遊戲的時候，要注意不要用皮膚接觸$HgNO_3$溶液。

22、消失了的顏色

　　被稀釋的藍黑墨水，經過一個漏斗後，流出來的卻成了無色的清水，你知道這是為什麼嗎？

遊戲道具

　　木炭，塑膠眼藥水瓶，藍墨水，玻璃瓶，小刀，水杯，吸管。

遊戲步驟

第一步：將木炭研成細末。

第二步：用小刀將塑膠眼藥水瓶底切開，從底部裝入木炭粉，壓實。這

樣，眼藥水瓶底朝上口朝下，成了一個小型漏斗。

第三步：水杯內裝少量清水，滴入幾滴藍墨水，拌勻。

第四步：用吸管將稀釋了的藍墨水吸出來，滴入剛剛製作成的小型漏斗
裡面，觀察現象。

遊戲現象

從小型漏斗裡面流出來的液體，變成無色的清水了。

科學揭秘

木炭具有很強的吸附能力，能將液體裡面的色素吸附，也能吸附有
害氣體。被稀釋了的藍墨水，經過裝有木炭的小型漏斗，木炭將其中的
色素過濾掉，所以成了無色清水了。

23、晚會上的粉筆炸彈

　　這個遊戲可以教你製作粉筆炸彈，可以在晚會節目上烘托快樂氣氛。

遊戲道具

　　氯酸鈉少量，蒸發皿一個，紅磷適量，玻璃棒一根，藥匙一把，粉筆數根，薄紙一張，膠水一瓶，小刀一把。

遊戲步驟

第一步：將粉筆的粗端用小刀挖出一個小洞。

第二步：取少量氫氧化鈉，放在蒸發皿中，滴入少許水，然後加入品質為氫氧化鈉五分之一的紅磷。

第三步：用玻璃棒在蒸發皿中攪拌，使混合物成為漿糊狀。

第四步：用藥匙將混合物加入粉筆的小洞中，撕一片薄紙，用膠水黏好。十分鐘到二十分鐘後，將粉筆封口朝下往地上投擲，觀察現象。

遊戲現象

　　粉筆的藥面和地面接觸後，能發出清脆的響彈聲。

科學揭秘

　　做為強氧化劑的氫氧化鈉，和做為還原劑的紅磷混合在一起，當遇到撞擊後，產生了巨大的壓力，於是發生了劇烈的氧化還原反應。我們聽到的響彈聲，是氧化還原反應所發出的爆炸聲。

$E=MC2$

2H2+O2→2H2O

2NaCl→2Na+Cl2

第二節

生活中的化學

Ⅰ、慧眼識別工業用鹽

亞硝酸鈉（NaNO$_2$）是一種工業用鹽，和我們常用的食鹽氯化鈉外形十分相似，具有和食鹽一樣的鹹味，常被不法分子用來製造假食鹽。但亞硝酸鈉有毒，不能食用。一般人食用0.2克到0.5克就可能出現中毒症狀，如果一次性誤食3克，就可能造成死亡。

無論多麼高明的製假手段，都逃脫不了科學的慧眼。下面的科學遊戲，能巧妙幫你識別亞硝酸鈉。

遊戲道具

鐵鍋一個，亞硝酸鈉適量。

遊戲步驟

將亞硝酸鈉放入鐵鍋中，給鐵鍋加熱。

遊戲現象

隨著鐵鍋升溫，亞硝酸鈉會融化，並且伴有臭味氣體生成。

科學揭秘

亞硝酸鈉的熔點是271℃，鐵鍋在加溫燒熱過程中，會很快達到亞硝酸鈉的熔點，將其融化。而食鹽（NaCl）的熔點是801℃，遠遠高於亞硝酸鈉。如果鐵鍋內放置的是真正食鹽，在加溫過程需達較高溫度才會融化，但不會伴有臭味氣體。

2、教你做肥皂

　　掌握了科學，也就擁有了生活的妙法。下面這個科學遊戲，教你自製肥皂的方法。

遊戲道具

　　300毫升和150毫升的燒杯各一個，玻璃棒一根，酒精燈一盞，三腳架一個，石棉網一片，豬油（也可用其他動植物油脂替代）適量，氫氧化鈉（分子式NaOH；固體溶於水放熱；又稱燒鹼、火鹼、苛性鈉，氫氧化鈉，是常見的、重要的強鹼）適量，飽和食鹽水、95%酒精、蒸餾水各適量。

遊戲步驟

第一步：將5毫升酒精和6克豬油，放入容量為150毫升的燒杯中。在燒杯中添加10毫升40%的氫氧化鈉溶液，用玻璃棒攪拌均勻，使裡面的物質充分混合、溶解。必要的時候可以用小火加熱，幫助溶解。

第二步：將燒杯放在石棉網上，用小火加熱。加熱過程中不停地用玻璃棒攪拌，如果酒精和水蒸發減少，要及時補充溶液，保持燒杯內液體的原有體積。可以預先配置一比一的酒精和水混合液20毫升，用來添加。

第三步：燒杯持續加熱二十分鐘，燒杯內的化學反應（皂化反應）基本

上已經結束。這時候可以用玻璃棒取少許放入試管中，在試管中滴加五、六毫升蒸餾水，加熱後搖動震盪，然後靜置。如果有油脂分離出來，說明皂化反應不完全，需要添加鹼液繼續皂化。

第四步：取20毫升蒸餾水加熱，慢慢倒入完全皂化的黏稠液體中，一邊添加一邊用玻璃棒攪拌，使它們完全融合在一起。

第五步：在300毫升燒杯中放置150毫升飽和食鹽水，加熱後將小燒杯中的黏稠液體倒進去，一邊傾倒，一邊攪拌，然後靜置。

遊戲現象

靜置後的黏稠液體，肥皂會析出來，凝固以後，自製肥皂就大功告成了。

科學揭秘

油脂和氫氧化鈉混合後一起用水煮，經過水解，生成高級脂肪酸鈉和甘油。高級脂肪酸鈉經過加工定型，就是肥皂。

遊戲提醒

① 油脂很難和鹼水溶合，添加酒精是為了增加油脂的溶解度，加快皂化反應的速度。

② 將燒杯放在石棉網上加熱的時候，不可用旺火，要用小火慢烤。

③ 加熱過程中要保持混合液體的原有體積。

3、製作「野外燃料」

　　如果你熱衷於戶外活動，那麼，這款「野外燃料」的製作方法十分適合你。做為一種可以長期保存、便於攜帶的固體燃料——酒精燃料塊，你可用塑膠袋、空罐頭將它裝進背包裡，帶到目的地，用打火機、火柴點燃，燒飯、炒菜、燒水，應用價值廣泛。酒精燃料塊具有無煙、無味、無毒等特性，居家、戶外兩相宜。

遊戲道具

　　水浴鍋一個，可調電爐（或酒精燈）一台，水適量，試管夾一個，坩堝適量，蒸發皿一個，台秤一台，溫度計一支，玻璃棒一根，燒杯（500ml，100ml）一個，量筒（5ml）一個，鐵三角架一個，硬脂酸1.5g，40%氫氧化鈉（火鹼）溶液適量，95%酒精適量。

遊戲步驟

第一步：水浴鍋內加水，加水量在水浴鍋的三分之二處即可；

第二步：水浴鍋放置在電爐上，將水燒開。調節電爐溫度，保持水始終處於平穩的沸騰狀態。

第三步：將硬脂酸放入小燒杯內，在水浴鍋上加熱，直到硬脂酸融化（用試管夾夾住小燒杯，放置在水浴鍋中即可）。

第四步：用量筒量取酒精30ml，倒入小燒杯中，用玻璃棒攪拌，一邊攪拌，一邊用小量筒量取火鹼溶液2ml，使酒精、火鹼溶液和硬脂酸相互溶合。

第五步：將坩堝放入蒸發皿中，三種混合溶液趁熱倒入坩堝中，冷卻後觀察外觀。

遊戲現象

　　倒入坩鍋中的三種混合溶液冷卻後，蒸發皿中的物體，凝結成塊，變成了猶如白玉般的固體形狀。

　　這時候可以做一個燃燒測試：用燒杯量取500ml水，在三腳架上墊上石棉網。點燃蒸發皿中的燃燒塊，看能否將燒杯中的水燒開。如果能燒開，大約需要多長時間；並且將燃燒塊完全燃燒完畢的時間記錄下來。這樣，你就可以確定燃燒塊的具體用量了。

科學揭秘

這個科學遊戲的化學反應式是：$CH_3（CH_2）16COOH + NaOH \rightarrow CH_3$ $（CH_2）16COONa + H_2O$

硬脂酸（又稱十八酸，分子式是$CH_3（CH_2）16COOH$）。硬脂酸在常態下呈固體狀態，較軟、白色、有光澤。硬脂酸不溶於水，70℃到71℃即可熔化，融化後溶於酒精，形成混合溶液。

硬脂酸溶液和火鹼溶液混合後，產生化學反應，生成硬脂酸鈉。火鹼溶液不溶於酒精，析出，進而形成了凝固的膠塊。膠塊的結構被稱為「硬脂酸鈉的網狀骨架」，網狀骨架的間隙中，充滿了酒精分子，進而形成了酒精固體燃料。燃料燒盡後，剩餘的殘渣，就是硬脂酸鈉。

遊戲提醒

酒精是易燃物品，在進行該項遊戲的時候，要讓酒精原料遠離明火，在通風的室內進行。

4、嚴冬自製暖氣袋

寒風呼嘯、萬物蕭條的冬天，如果有一個熱量充足的暖氣袋，該多好呀！下面介紹一個自製暖氣袋的方法，在寒冷的冬天給你帶來無盡的溫暖。

遊戲道具

鐵粉50克（鐵粉直徑在0.1毫米為佳），活性炭5到10克（直徑在0.1毫米到0.3毫米為佳），10％食鹽水12毫升，玻璃棒一根，燒杯或者陶瓷杯一個，廢舊塑膠袋一個，訂書針或者迴紋針數枚。

遊戲步驟

第一步：將鐵粉、活性炭、食鹽水倒進燒杯中。

第二步：用玻璃棒攪勻後裝入塑膠袋。

第三步：將塑膠袋袋口部位折疊幾次，用訂書針或者迴紋針加封，袋口留一個小透氣孔。

遊戲現象

雙手輕輕搓動塑膠袋，半分鐘後可以看到水蒸氣出現，三、五分鐘後塑膠袋溫度明顯升高，平均溫度在40～50℃之間，最高溫度可達55℃。

一個暖氣袋維持時間為10～15小時，間斷使用壽命更長，可達一週左右。使用過程中如果感覺溫度降低，搓動暖袋溫度即可回升。這個暖氣袋可以多次反覆使用，不用的時候將透氣孔密封即可；下次使用的時候，打開透氣孔，就可以再次取暖了。

如果發現暖氣袋中的鐵粉，由原來的黑色變成了紅棕色固體（也就是生成了氫氧化鐵和三氧化二鐵）則表示氣袋中的熱能，基本上已經用完了。

科學揭秘

在揭秘自製暖氣袋的科學原理之前，我們不妨先看下面這個化學反應方程式：

$Fe + 3/4 O_2 + 3/2H_2O \rightarrow Fe(OH)_3 + 96$千卡/摩爾

這是鐵銹的化學反應

式。這個過程，是一個放熱反應的過程。在日常生活中我們之所以察覺不到這樣的放熱反應，是因為放熱速度緩慢的原因。如果提高反應速度，集中釋放熱量，放出的熱量，就可以為我們的生活提供必要的熱源。自製暖氣袋，就是採用這個原理。

自製暖氣袋中之所以沒有用鐵片或者鐵塊，而是採用了鐵粉，是因為生銹反應發生在鐵製品的表面，採用鐵粉可以增加表面反應的面積，加快反應速度。

自製暖氣袋中之所以放置活性炭，是因為活性炭具有很強的吸附能力，能大量吸附空氣中的氧氣，提高反應物氧氣的濃度。

放置食鹽水，是為了催進反應速度。食鹽是一種較強的電解質，能創造有利條件，使腐蝕金屬的電子轉移加快，增加化學反應的速度。

遊戲提醒

如果在製作過程中適當加入一些碎木屑，利用碎木屑的吸水和蓄水的作用，那麼製作出來的暖氣袋效果會更好。碎木屑可以防止活性炭因為吸水——活性炭吸水後，吸附氣體的能力就會下降。

5、茶水變形記

這天，小文和爺爺一起去台北大劇院看魔術表演。其中一個節目引起了小文的興趣：只見魔術師手裡面端著一個透明的玻璃杯，玻璃杯裡面裝著琥珀色的茶水。魔術師手拿一根玻璃棒，在玻璃杯裡面攪動了一下，大聲說道「變！」茶水變成了黑墨水。魔術師用玻璃棒在玻璃杯中再次攪動了一下，黑墨水又變成了茶水。

看完魔術師的表演，小文心想，這一定和化學反應有關。下面這個科學遊戲，將解開魔術師的「謎底」。

遊戲道具

玻璃杯一個，茶水、綠礬粉末和草酸晶體粉末適量。

遊戲步驟

第一步：用沾有綠礬的玻璃棒一端攪拌茶水。

第二步：再用沾著草酸晶體的玻璃棒一端攪拌茶水。

遊戲現象

用沾有綠礬的玻璃棒一端攪拌茶水，茶水會變成藍黑色；用沾著草酸晶體的玻璃棒一端攪拌茶水，藍黑色茶水會變成原來的顏色。

科學揭秘

綠礬的化學名稱為「硫酸亞鐵（化學式：$FeSO_4 \cdot 7H_2O$，淡藍綠色柱狀結晶或顆粒，無臭，味鹹、澀。易溶於水、甘油，不溶於乙醇，有腐蝕性，潮解風化）」；而茶水裡面含有大量單寧酸（別名鞣酸、丹寧酸、五倍子單寧酸、單寧；分子式$C_{76}H_{52}O_{46}$）。

綠礬和單寧酸結合後產生化學反應，生成單寧酸亞鐵。單寧酸亞鐵的性質很不穩定，很快被氧化，進而導致茶水變成了藍黑色。

用沾取草酸（是一種有機強酸，又名乙二酸、修酸；分子式：$COOH \cdot COOH$；熔點：$190℃$）的玻璃棒一端攪拌變成了藍黑色的茶水，草酸具有還原性，因此茶水中的藍黑色消除了，被還原成了原本的茶色。

生活應用

這種情況在生活中經常會遇見。當我們用刀子切沒有成熟的水果的時候，水果的刀口處會呈現出藍色。有的人會認為刀子不乾淨，其實並非如此。不成熟的水果含有單寧酸，和刀子上的鐵發生化學反應，生成了藍色。

6、自製農藥殺滅害蟲

　　隨著天氣變暖，學校樹上、草地上、花叢中的害蟲也開始孳生了。在一堂勞動課上，化學老師教學生們一個自製農藥殺滅害蟲的方法，讓學生們自己動手，維護學校的綠化環境。這個方法簡單易學，成本很低，適合家庭草木的消毒去害。

遊戲道具

　　燒杯一個（也可用陶瓷杯等替代），生石灰28克，清水75毫升，硫磺粉56克，酒精燈一盞，玻璃棒一根，玻璃瓶一個，濾紙一片。

遊戲步驟

第一步：將生石灰放入燒杯中，添加水，用玻璃棒攪勻，生石灰變成了熟石灰。

第二步：將硫磺粉研碎，放進燒杯中。

第三步：酒精燈加熱燒杯，煮沸一個小時。加熱過程中不斷用玻璃棒攪拌；隨時添加因蒸發而失掉的水分。

第四步：反應結束後，用濾紙趁熱過濾。

遊戲現象

　　會得到澄清的濾液，這就是鈣硫合劑。將過濾出來的鈣硫合劑儲存在密封的玻璃瓶中，陰涼處放置，隨用隨取。

科學揭秘

鈣硫合劑呈褐色或者橙色，又稱石硫合劑，具有和硫化氫相似的氣味。鈣硫合劑裡面含有10％～30％的多硫化鈣（$CaS \cdot S_3$和$CaS \cdot S_4$）和5％左右的硫代硫酸鈣。

被稀釋的鈣硫合劑，用噴霧器噴灑到植物表面上後，和空氣中的二氧化碳氣體發生反應，多硫化鈣會析出硫，其化學反應式如下：

$$CaS \cdot S_x + CO_2 + H_2O \rightleftarrows CaCO_3 + H_2S \uparrow + XS \downarrow$$

這種硫是膠態硫。膠態硫顆粒細微，直徑只有1到3微米。膠態硫能在植物表面上牢牢吸附，很難被雨水沖刷，它能牢固地吸附在植物表面，不會被雨水沖刷掉。硫磺具有很強的殺菌消毒能力，能有效殺滅害蟲。顆粒很粗的硫磺粉，殺滅害蟲的效力不高，越是細微的硫磺粉粒，殺滅害蟲的能力也就越高。鈣硫合劑中硫粉粒十分細小，所以殺滅害蟲的能力相對較高。

硫代硫酸鈣遇到酸性物質，也能生成膠態硫和二氧化硫，進而起到殺滅害蟲的作用。

7、自製汽水度盛夏

炎炎夏日，喝上一杯清涼的汽水，可以消暑解渴。如果能自製汽水，除了解渴消暑之外，還能體驗到動手的樂趣，可謂一舉兩得。

遊戲道具

汽水瓶一個，冷開水適量，白糖和果味香精少許，碳酸氫鈉2克，檸檬酸2克。

遊戲步驟

第一步：將汽水瓶消毒，反覆沖洗乾淨。沒有消毒條件的，在沸水中煮幾分鐘即可。

第二步：將冷開水加入汽水瓶，占汽水瓶體積的百分之八十。

第三步：將白糖、果味香精、碳酸氫鈉放入汽水瓶中，搖動溶解後迅速放入檸檬酸，將瓶蓋密封。

第四步：放置在冰箱中，隨用隨取。

遊戲現象

一款清涼的汽水，經過親手製作，感覺別有不同。

科學揭秘

礦泉水內透過加壓的方法充入二氧化碳氣體後密封，二氧化碳氣體融入水中，稱之為汽水，也被稱為碳酸飲料。

汽水中融入的二氧化碳氣體越多，品質越好。通常一瓶汽水中，水

和二氧化碳氣體的比值是1：1到4：5。

　　人們喝了含有二氧化碳氣體的汽水後，二氧化碳氣體會從人體內部排出，帶走人體大量熱量。所以，汽水的消暑解渴功能最為明顯。冰涼的汽水，溫度更低，所溶解的二氧化碳氣體更多，能帶走人體內更多的熱量。

　　生活應用飲用冰涼汽水要有限度，避免大量飲用，否則會刺激腸胃，引起胃痙攣、腹痛，甚至誘發腸胃炎。此外，過量的汽水會沖淡胃液，降低胃液的消化能力和殺菌作用，影響食欲，甚至加重心臟、腎臟負擔，引起身體的不適。

8、自製溶液檢驗尿糖含量

　　阿華的爺爺身患糖尿病，定期要到醫院檢查，來來去去十分麻煩。在化學老師的指點下，阿華給爺爺自製了一些藥液。這樣，小華的爺爺就可以在家裡自檢尿糖含量了。

遊戲道具

　　蒸餾水200毫升，硫酸晶體3.5克，量筒一個，酒石酸鉀鈉17.3克，氫氧化鈉6克，玻璃棒一根，燒杯一個。

遊戲步驟

第一步：用量筒量取100毫升蒸餾水，和硫酸銅晶體混合，用玻璃棒攪

拌均勻，使之徹底溶解，然後倒入燒杯中。

第二步：將剩下的100毫升蒸餾水，和酒石酸鉀鈉混合，製成溶液。

第三步：兩種溶液分別在乾淨密封的玻璃瓶中存放。

遊戲現象

兩種溶液等量混合，可以製成費林試劑藥液。

科學揭秘

等量的硫酸銅溶液和酒石酸鈉溶液混合，可以檢驗出一個人的尿糖含量。

生活應用

用吸管洗取少量尿液，放入潔淨的玻璃容器中；在尿液中滴加三、四滴費林試劑，在酒精燈上加熱至沸騰。

如果溶液仍舊為藍色，則表示尿中不含糖。

如果溶液變成了綠色，則表示尿液中含有少量尿糖。

如果溶液變成了黃綠色，則表示尿液中含尿糖稍多。

如果溶液變成了土黃色，說明尿液中含尿糖已經很高了。

如果溶液變成了磚紅色，還很渾濁，則表示尿液中含糖量十分高。

9、紅糖變白糖

告訴你一個生活的妙法，假如你現在需要白糖，而手頭恰恰只有紅糖，那麼，你可以自己動手，享受紅糖變白糖的樂趣。

遊戲道具

紅糖10克，水40毫升，活性炭1克，濾紙一張，燒杯兩個，水浴鍋一個，酒精燈一盞，鐵架一個，玻璃棒一根。

遊戲步驟

第一步：將紅糖放進燒杯內，加入水，用玻璃棒攪勻溶解。

第二步：將燒杯放在鐵架上，點燃酒精燈，加熱使之徹底溶解。

第三步：添加活性炭，一邊添加一邊攪拌，持續加熱。

第四步：燒杯內會呈現懸濁液，趁熱用濾紙將懸濁液過濾到另一個燒杯
中；將燒杯放進水浴鍋內蒸發濃縮，然後取出燒杯，使之自然
冷卻。

遊戲現象

冷卻後，你會看到有白色晶體析出，這就是白糖。

科學揭秘

紅糖之所以呈現紅色，是因為裡面添加了有色物質。將紅糖溶解於
水後，活性炭可以將裡面的有色物質吸附，經過過濾、濃縮和冷卻後，
就剩下了白糖。

遊戲提示：懸濁液經過過濾後，得到的應該是無色液體。如果過濾
後的液體呈黃色，還應繼續添加活性炭，直到液體變成無色為止。

10、不易生銹的鐵釘

　　沒有經過特殊處理過的鐵釘,很容易生銹。下面這個科學小遊戲,可以讓你家裡的鐵釘遠離鐵銹,時刻保持光亮。

遊戲道具

　　鐵釘數枚,三腳架一個,小湯匙一個,石棉網一片,酒精燈一盞,天平一個,燒杯一個,試管一個,稀鹽酸適量,稀氫氧化鈉適量,氫氧化鈉固體適量,硝酸鈉適量,亞硝酸鈉適量,蒸餾水適量。

遊戲步驟

第一步:試管裝取適量氫氧化鈉稀溶液,將鐵釘放進試管內,除去鐵釘外表的污垢。

第二步:再用試管取稀鹽酸適量,將鐵釘放進試管內,除去鐵釘外表的鐵銹、氧化層和鍍鋅層。

第三步:用天平秤取2克固體硝酸鈉、0.3克硝酸鈉;用小湯匙取少量亞硝酸鈉,一起放入燒杯中。

第四步:燒杯中放入蒸餾水10毫升,將鐵釘放進

燒杯中加熱。

遊戲現象

隨著加熱時間的延長，鐵釘表面生成了黑色或者亮藍色的物質。

科學揭秘

在中性或者鹼性環境中，亞硝酸根具有一定的氧化性。燒杯中的溶液屬於強鹼溶液，亞硝酸根在強鹼溶液中生成了以水合氨和亞鐵酸鈉。亞鐵酸鈉的化學性質很不穩定，在亞硝酸根和鐵的作用下，在鐵釘表面形成了一層緻密的氧化膜，能防止鐵釘生銹。

遊戲提醒

氫氧化鈉具有很強的腐蝕性，溶於水的時候能釋放出大量熱，容易灼傷皮膚；所以遊戲的時候要小心；亞硝酸鈉含有劇毒，做完實驗後要反覆清洗雙手。最好有師長陪同。

11、印在家紡用品上的字

　　你想讓家紡用品上面，印製自編自創、別具一格的語言嗎？下面這個科學小遊戲，能讓你夢想成真。

遊戲道具

　　硬紙板一塊，陶瓷盆一個，紗布數片，油漆刷一把，燒杯兩個，快色素（顏色自選）30克，酒精25毫升，氫氧化鈉3克，太古油15毫升，石花菜（或漿料）15克，玻璃棒一根。

遊戲步驟

第一步：將硬紙板製作成印字版。硬紙板要求無破損、無折皺，在上面寫上需要印製的字詞或者圖案，用小刀鏤空。

第二步：將石花菜用200毫升清水調解，加熱煮沸，一邊加熱一邊用玻璃棒攪拌。石花菜完全溶解後，用三層紗布進行過濾，濾液放置於陶瓷盆中。

第三步：將氫氧化鈉、太古油放入燒杯中，加清水20毫升，用玻璃棒拌勻。

第四步：另一個燒杯中加入快色素和酒精使其溶解。

第五步：將兩個燒杯中的混合溶液倒入陶瓷盆中，攪拌均勻，兌成色漿。

第六步：洗淨需要印製的紡織品。印字版平放在需要印製的部位，用油漆刷子沾取色漿，在印字版上向同一個方向小心地刷幾遍，看

到色漿在織物上已均勻地上色即可。把印好的織物放置在陰暗處，讓它氧化兩小時，乾後即可使用。

遊戲現象

家紡上面出現了你想要的字體或圖案。

科學揭秘

家紡纖維素具有很強的吸附性，色素調和成色漿，纖維素將色漿牢牢吸附，並且在上面發生氧化還原反應，顯出了色漿的本色。用這種方法染製的字體圖案，牢固耐用，不宜褪色。

遊戲提醒

配製的色漿需要即配即用，不宜久放，否則容易失效。快色素的顏色可以根據市場供應，任意選取。

12、你家的麵粉新鮮嗎？

　　麵粉如果存放過久，空氣中的水分、氧氣和微生物就會發生副作用，致使麵粉發生酸敗現象。下面這個科學小遊戲，教你判斷你家麵粉的新鮮程度。

遊戲道具

　　錐形瓶一個，蒸餾水80毫升，新鮮麵粉5克，無色酚酞試液少許，0.02％的氫氧化鈉溶液少許，滴管一個。

遊戲步驟

第一步：在錐形瓶內添加蒸餾水40毫升，然後加入5克新鮮麵粉，混合攪拌，直到混合液中不存在麵糰為止。

第二步：在調配好的麵粉溶液中，滴入5滴酚酞試液。如果錐形瓶內的

混合液體不變色，再用滴管往裡面滴加氫氧化鈉溶液少許，一邊滴加，一邊震盪，直到瓶內的溶液呈現淺紅色，並且在一兩分鐘內不褪色為止。

第三步：記下所消耗的氫氧化鈉數量。

第四步：取5克待測的麵粉，按照**第一步**和**第二步**的方法，配置好混合溶液，觀察現象。

遊戲現象

假如消耗的氫氧化鈉，和第一次溶液配比所用的氫氧化鈉數量相同，則說明麵粉是新鮮的；假如消耗的氫氧化鈉數量是第一次的2.5倍，則說明麵粉已經變質了；如果在2.5倍以下，麵粉屬於陳年麵粉，不新鮮了，但還可以食用。

科學揭秘

澱粉是麵粉的主要成分。麵粉放置時間過長，就會產生一定數量的葡萄糖，葡萄糖在適當條件下，會逐漸分解成各種有機酸。

酚酞在酸溶液中無色，在鹼溶液中呈鮮紅色。如果麵粉是新鮮的，那麼它裡面所含的有機酸少，克服有機酸所用的氫氧化鈉（鹼溶液）也就少；反之，如果麵粉酸敗，那麼裡面的有機酸含量就高，克服有機酸所用的氫氧化鈉（鹼溶液）也就高很多了。

13、膨脹的酵母

　　我們吃的饅頭，經過了發麵、和麵、揉麵和蒸熟等數道工序。發麵需要用到酵母，你知道酵母為什麼能「發」麵嗎？

遊戲道具

　　塑膠瓶一個，溫水150毫升，糖適量，勺子一支，氣球一個，酵母少許。

遊戲步驟

第一步：塑膠瓶中加入酵母三勺、糖兩勺。

第二步：再往瓶中加入溫水。

第三步：將氣球套在瓶口上，一分鐘後觀察現象。

遊戲現象

　　塑膠瓶內的液體逐漸轉化成泡沫狀，而且氣球逐漸充氣、變大。

科學揭秘

　　酵母是真菌的一種。所謂真菌，是具有真核和細胞壁的異養生物。種屬很多，已報導的屬達1萬以上，種超過10萬個。酵母會吞食塑膠瓶裡面的糖，在吞食過程中，會產生二氧化碳氣體，二氧化碳氣體在水中形成了大量氣泡，上升到水面上，然後進入空氣中，氣球隨之脹大。

　　在發麵的時候，酵母吞食麵粉中的糖分，產生二氧化碳，使得麵粉脹大，麵也就「發」起來了。

14、巧手自製松花皮蛋

很多人喜歡松花皮蛋苦中帶香、風味獨特的口感。但是它的製作方法，卻很少有人知道。看完這個科學遊戲，相信你一定也能做出一手美味可口的松花皮蛋來。

遊戲道具

大燒杯一個，生石灰50克，稻糠（可也用鋸屑替代），鴨蛋或者雞蛋適量，大瓦罐一個，清水適量，純鹼3克，草木灰1克，食鹽2克，水20克，茶葉微量。

遊戲步驟

第一步：將生石灰、純鹼、草木灰、食鹽、茶葉放入燒杯中，添加清水攪拌均勻。燒杯中的物品放置二十四小時後，可以進行下一步。

第二步：將新鮮的鴨蛋在調製好的材料中滾動幾下，鴨蛋表面會塗抹上一層均勻的灰粉，然後再在稻糠或者鋸屑中滾動幾下。

第三步：用手輕輕擠壓黏在鴨蛋表面的稻糠，使其堅固，然後放入大瓦罐中。

第四步：18～24℃的環境下，密封放置10天後，即可食用。

遊戲現象

一款味美鮮香的自製松花蛋，呈現在你的眼前。

科學揭秘

生石灰遇到清水後，變成了熟石灰。純鹼和草木灰中都富含碳酸鉀，熟石灰和碳酸鉀發生化學反應，生成了氫氧化鈉和氫氧化鉀。具體的化學反應式如下：

$CaO + H_2O \rightarrow Ca(OH)_2$

$Ca(OH)_2 + Na_2CO_3 \rightarrow CaCO_3\downarrow + 2NaOH$

$Ca(OH)_2 + K_2CO_3 \rightarrow CaCO_3\downarrow + 2KOH$

將原料放置二十四小時，是為了讓其中的各個物質相互之間充分反應。

鴨蛋裹好外皮後，在密封的容器中放置十天。這十天中，鴨蛋內部的反應也是很劇烈的。

草木灰中含有強鹼（NaOH、KOH），強鹼滲透過蛋殼，進入到蛋黃和蛋清中，和裡面的蛋白質發生反應，致使蛋白質分解，蛋白質凝固，並且釋放出少量的硫化氫（H2S）氣體。

與此同時，原料中的純鹼滲透到蛋清蛋白質，和蛋白質分解出來的氨基酸發生中和反應，生成晶體鹽，沉積在皮蛋蛋清裡面，形成了一朵

朵松花狀的花紋（這也是松花蛋得名的原因）。

　　蛋清和蛋黃中含有礦物質，這些礦物質和硫化氫氣體發生反應，生成了各種硫化物。在硫化物的作用下，蛋清和蛋黃的顏色發生了變化，蛋黃變成了墨綠色；而蛋清則變成了茶褐色。原料中的食鹽，使得蛋清蛋黃收縮，與蛋皮和蛋殼分離，增加了皮蛋的鹹香口味；茶葉中富含單寧和芳香油，這兩種物質能增加皮蛋的風味，並且給皮蛋凝固的蛋白質上色。

　　原料中的食鹽，具有防腐作用；原料中的鹼，殺滅了皮蛋中能夠引起腐敗的細菌。這也是皮蛋為什麼能夠長期放置而不壞的原因。

15、合成香精

　　人們很早就知道從各種植物的花、果實中提取一類叫香精的物質，用於護膚、護髮或添加到食品中。由於天然物質來源有限，人類便合成各種人造香精，下面這個實驗就是教你如何提取香精的。

遊戲道具

　　冰醋酸、異戊醇、濃H_2SO_4、苯甲酸、無水乙醇各適量，100毫升燒瓶一個，水浴鍋一個，10毫升量筒2個，50毫升量筒1個，分液漏斗一個。

遊戲步驟

　　【梨香精油的合成】

第一步：在燒瓶中注入10毫升冰醋酸（用溫水融化）和15毫克異戊
　　　　　醇，再加入5毫升濃H_2SO_4，混合均勻，置於水浴鍋上加熱數分
　　　　　鐘後冷卻。

第二步：冷卻後再慢慢加入30毫升水，振盪5秒鐘，注入分液漏斗，靜
　　　　　置分層，油層即為醋酸異戊酯。

　　【薄荷香精的合成】

　　在燒瓶中注入苯甲酸10毫升，無水酒精35毫升，濃硫酸5毫升，操
作方法同上。

科學揭秘

　　在香精家庭中，酯類最多，合成原料是相對的羧酸和醇，如薄荷香
精主要成分是苯甲酸乙酯，由苯甲酸和乙酸製得：$C_6H_5COOH＋C_2H_5OH→$
（濃H_2SO_4）$C_6H_5COOC_2H_5＋H_2O$。梨香精油是乙酸異戊酯，由乙酸和異
戊醇反應製得：$CH_3COOH＋C_5H_{11}OH→$（濃H_2SO_4）$CH_3COOC_5H_{11}＋H_2O$。
本實驗就來實現它們的合成。

16、酸鹼指示劑

許多植物的花、果、莖、葉中都含有色素，這些色素在酸性溶液或鹼性溶液裡顯示不同的顏色，可以做為酸鹼指示劑。

遊戲道具

滴管，量筒，大玻璃杯一個、小玻璃酒杯三個，玻璃棒，漏斗，紗布，紫甘藍葉子，碳酸氫鈉，白醋各適量。

遊戲步驟

第一步：把紫葉甘藍的葉子切成菜丁放入量筒中，並注入開水。

第二步：半個小時以後，水的顏色變成紫色，然後把變了色的水，用紗布過濾，用漏斗倒入大玻璃杯中。

第三步：取三個小玻璃酒杯，各倒入半杯清水，然後在第二杯中倒入少許白醋，第三杯中倒入少許碳酸氫鈉（即漂白粉）。

第四步：用滴管在每個杯中都滴入紫葉甘藍的汁。

遊戲現象

各杯中原來透明的水開始變色。第一杯變成紫色，第二杯變成紅色，第三杯則變成了綠色。

科學揭秘

酸鹼指示劑既然都是一些有機弱酸或有機弱鹼，那麼在不同的酸鹼性溶液中，它們的電離程度就不同，於是會顯示不同的顏色。在酸性溶

液裡，紅色的分子是存在的主要形式，溶液顯紅色；在鹼性溶液裡，上述電離平衡向右移動，藍色的離子是存在的主要形式，溶液顯藍色；在中性溶液裡，紅色的分子和藍色的酸根離子同時存在，所以溶液顯紫色。

　　紫葉甘藍的汁是一種指示劑，用它可以觀察化學反應，就像在化學中的試劑。在這裡，指示劑告訴我們：第一杯是中性的，第二杯發生了酸性反應，而第三杯則是鹼性反應。

17、「釣」冰塊

　　用鉛筆和絲線做一支釣杆，在一個杯子裡裝上水，讓一個小冰塊漂浮在水上。如何才能用這支魚杆把冰塊釣起來呢？

遊戲道具

　　鉛筆，細線，食鹽，玻璃杯，清水適量，小冰塊數個。

遊戲步驟

　　把絲線頭下降到冰塊上，然後在冰塊上撒少許食鹽。

遊戲現象

　　線頭立即就會凍在冰塊上。

科學揭秘

　　食鹽使冰塊融化，這恰恰是少許食鹽在冰塊上起的作用。一個物體融化時需要熱量，於是熱量被冰塊表面上沒有沾到鹽粒的地方攝走，所以這裡的液體立即重新結冰，把上面的線頭凍在冰塊上，於是就可以把它釣上來了。

生活應用

　　食鹽的主要成分是氯化鈉，溶於水後冰點在-10℃，凝固點較低，可以做融雪劑，因此在雪水中溶解了鹽之後就難以再形成冰塊。此外，融雪劑溶於水後，水中離子濃度上升，使水的液相蒸氣壓下降，但冰的固態蒸氣壓不變。為達到冰水混和物固液蒸氣壓相等的狀態，冰便溶化

了。這一原理也能很好地解釋了鹽水不易結冰的道理。

　　我們知道，水是一種特殊的物質，即結冰後密度變小（一般物質固態下的密度大於液態下的密度），因此，壓差越大，冰的熔點越低。常常見到，車輪碾過的地方雪往往易於融化就是這個道理。積雪的路面上灑上融雪劑後，再經車輛的碾壓就更易使雪融化。

18、蔬菜中維生素C的測定

蔬菜中富含維生素，以下的實驗可以幫助你直觀地觀察到這種營養物質。

遊戲道具

滴管一支，大玻璃杯一個，玻璃棒一根，青菜葉數片，開水和碘酒適量。

遊戲步驟

第一步：在玻璃瓶內放少量澱粉，倒入一些開水，並用玻璃棒攪動成為澱粉溶液。

第二步：用滴管滴入2～3滴碘酒，你會發現乳白色的澱粉液變成了藍紫色。

第三步：找2～3片青菜，摘去菜葉，留下葉柄，榨取出葉柄中的汁液，然後把汁液慢慢滴入玻璃瓶中的藍紫色的液體中，邊滴入邊攪動。

遊戲現象

這時，你又會發現藍紫色的液體又變成了乳白色，說明青菜中含有維生素C。

科學揭秘

澱粉溶液遇到碘變成藍紫色，這是澱粉的特性。而維生素C能與藍紫色溶液中的碘產生作用，使溶液變成無色。透過這個原理，可以用來檢驗一些蔬菜中的維生素C。

E=MC2

Mg+O2→MgO

C2H5OH+O2→CO2+H2O

第三節

魔術中的化學

1、紙幣不怕火煉

　　常言道：「真金不怕火煉。」除了真金外，紙幣也不怕火煉，你一定不相信吧！

　　可是，事實上確實存在此事。一位魔術師在超市購物，在付錢時，他從錢包裡取出一張大小和100元票面一樣的白紙來，隨後將這張白紙送到收銀員面前，神秘地說：「我就用這個付款吧！」收銀員不解其意地說：「你有沒有搞錯。」話音剛落，只見這位魔術師將白紙往菸頭上一觸，說時遲那時快，只見火光一閃，眼前出現了一張100元的台幣。親愛的讀者，你知道這位魔術師表演的「火造紙幣」奧秘在哪裡嗎？

遊戲道具

　　紙幣一張，一層火藥棉，乙醚和乙醇的混合液適量，燒杯一個，玻璃棒一根，夾子一個。

遊戲步驟

第一步：將火藥棉溶解在乙醚和乙醇的混合液中，形成火棉膠。

第二步：把火棉膠塗在100元的台幣票面上，於是一張「白紙幣」造成了。

第三步：用菸頭接觸「白紙幣」。

遊戲現象

白紙在燃燒之後神奇地變成了紙幣。

科學揭秘

原來，魔術師的這張白紙是在台幣上貼了一層製成的火藥棉。火藥棉在化學上叫做硝化纖維，是用普通的脫脂棉放在按照一定比例配製的濃硫酸和濃硝酸發生了硝化反應，反應後生成硝化纖維，即成了火藥棉，然後把火藥棉溶解在乙醚和乙醇的混合液中，便成了火棉膠，把火棉膠塗在100元的台幣票面上，於是一張「白紙幣」造成了。這種火藥棉有個特殊的「脾氣」，就是它的燃點很低，極易燃燒，一碰到火星便瞬間消失，它燃燒速度快得驚人，甚至燃燒時產生的熱量還沒有來得及傳出去就已經全部燒光了。所以，100元的紙幣還沒有受到熱量的襲擊時，外層的火藥棉就已經燃光了，因此，紙幣十分安全。

遊戲提醒

「火造紙幣」是有趣的，不過，這裡要鄭重地說明：千萬不要隨便玩它，弄不好，不但火藥棉製作不出來，還容易發生危險。要玩「火造紙幣」就更不容易了，如果掌握不好藥品的數量，那麼100元紙幣就要和火藥棉「同歸於盡」了。

2、口中吞火

你是否曾經為口中吞火的魔術表演而感到驚訝？其實，這些表演者既沒有特異功能，也沒有神仙相助，而是實實在在的普通人。只要你掌握了科學原理，你也能表演類似的魔術。

遊戲道具

新鮮草莓數個，燒杯一個，高濃度白酒適量。

遊戲步驟

第一步：草莓洗淨，放入高濃度白酒中浸泡半個小時。

第二步：用筷子夾起草莓，點燃，放入口中，停止吸氣幾秒鐘。

遊戲現象

　　點燃後的草莓，變成了一個炫目的火球。但旁觀者不用提心吊膽，火球被吞下後，你只要停止吸氣數秒，火球會在口中自動熄滅。

科學揭秘

　　新鮮的草莓富含大量水分，在白酒中浸泡後，白酒中的水分和草莓中的水分相溶，草莓中的水分增多。這時候，草莓外壁聚集了大量白酒，白酒受熱開始燃燒，使草莓本身溫度迅速升高。

　　草莓本身的溫度並不高，不必擔心「烈焰」灼燒口腔，這是因為：

① 草莓受熱開始蒸發水分，吸去了酒精燃燒時所釋放的大量熱量；

② 烈焰內部的氧分也不是很足，酒精燃燒不充分，釋放出的熱量也不
　 是很多。

遊戲提醒

　　草莓進入口腔後，你需要迅速閉上嘴，停止吸氣幾秒鐘，將火焰和周邊的空氣隔絕，烈焰會因沒有氧氣的供應而自動熄滅。這時候，你可以張開嘴，仔細品嚐白酒泡草莓的美味了，還可以向圍觀的朋友炫耀：看，我多厲害！

３、吹燃的棉花

　　用嘴巴對著棉花一吹，棉花就會燃燒起來。這並非特異功能人士在表演，而是實實在在的科學現象。

遊戲道具

　　過氧化鈉（Na_2O_2），脫脂棉，蒸發皿，鑷子，玻璃棒，細長玻璃管。

遊戲步驟

第一步：將脫脂棉舖開，往上面撒少量的過氧化鈉。用玻璃棒輕輕攪拌，讓過氧化鈉粉末充分進入脫脂棉中。

第二步：將帶有過氧化鈉的脫脂棉，用鑷子捲好，放置到蒸發皿中。

第三步：用細長玻璃管向脫脂棉緩緩吹氣。

遊戲現象

　　棉花奇蹟般燃燒了起來。

科學揭秘

　　用嘴吹氣會產生大量二氧化碳，二氧化碳和脫脂棉中的過氧化鈉反應，釋放出大量熱能，並且產生了氣體，致使棉花點火燃燒。

4、用火寫字

火能燒菜、燒水、取暖，還能寫字。你不相信？下面的科學遊戲，會打破你思維的限制。

遊戲道具

毛筆一枝，打火機一個，白紙一張，木條和硝酸鉀（KNO_3）溶液各適量。

遊戲步驟

第一步：用毛筆沾取硝酸鉀溶液，在白紙上任意寫字。

第二步：在字的起始部位，用帶色的筆做一個記號。

第三步：將白紙晾乾後，放在地上。

第四步：將木條點燃（帶火星即可），用木條輕輕接觸白紙上標有記號的地方。

遊戲現象

帶火星的木條輕觸白紙後，立刻出現了火花；火花會沿著字跡向前蔓延，火花經過的地方，看起來就像用筆寫字一樣。

科學揭秘

用毛筆沾取硝酸鉀溶液在白紙上寫字後，白紙晾乾，硝酸鉀溶液會殘留在白紙上。當殘留的硝酸鉀溶液接觸到帶火星的木條時，硝酸鉀因為受熱，釋放出氧氣，繼而點燃，塗有硝酸鉀溶液的部分就會被燒焦，看起來就像用火寫字一樣。

5、「清水」和「豆漿」之間的互變

　　德克薩斯州立中學化學實驗室中，正在舉行「化學魔術大賽」。第一個登台表演的是愛麗絲。只見她手拿一個無色透明的瓶子，裡面盛滿大半瓶清水，然後用橡皮塞蓋好。接著對台下觀看的師生們說道：「這個瓶子內的清水，不一會兒就能變成豆漿；我還能把豆漿再變成清水。」

　　魔術表演結束後，愛麗絲給師生們講解了清水和豆漿互變中的科學常識。掌握了這個常識，你也能進行魔術表演。

遊戲道具

　　透明的玻璃瓶一個，清水適量，明礬適量，火鹼片適量。

遊戲步驟

第一步：將適量清水和少量明礬裝進玻璃瓶，搖動玻璃瓶，使之徹底融化，觀察現象。

第二步：玻璃瓶的橡皮凹陷處，塞上少許火鹼片，蓋好，搖動玻璃瓶，觀察現象。

第三步：稍停片刻，再次搖動玻璃瓶，再觀察現象。

遊戲現象

　　第一次搖動玻璃瓶的時候，瓶子裡面的水還是清澈透明的，沒有任何變化；第二次搖動玻璃瓶的時候，玻璃瓶中的水變成了乳白色，類似

豆漿；第三次搖動玻璃瓶的時候，裡面的豆漿樣液體，又變成了清水。

科學揭秘

明礬的化學名稱為硫酸鉀鋁，溶解於水，所以第一次搖動玻璃瓶，瓶中是水還是無色透明的。

火鹼片的化學名稱為氫氧化鈉，第二次搖動玻璃瓶中的水，明礬溶液和火鹼片接觸，少量火鹼片溶解，和明礬發生化學反應，產生了乳白色沉澱物氫氧化鋁。其化學反應式如下：

$$2KAl(SO_4)_2 + 6NaOH \rightleftharpoons 3Na_2SO_4 + K_2SO_4 + 2Al(OH)_3（乳白色）$$

愛麗絲第三次搖動玻璃瓶的時候，橡皮塞凹陷處的火鹼片，再次被溶液溶解，火鹼片和氫氧化鋁繼續進行化學反應，生成了無色透明的液體——偏鋁酸鈉，乳白色的「豆漿」，又變成了「清水」。其化學反應式如下

$$Al(OH)_3 + NaOH \rightleftharpoons NaAlO_2 + 2H_2O$$

當然，這個「豆漿」和「清水」，都是不能食用的。

上面的這個科學小遊戲，證明了鋁特殊的化學性質：既有金屬性又有非金屬性。

6、點鐵成金

　　一根閃閃發亮的鐵棒，放入玻璃瓶中，用紅布蒙好。只聽到魔術師高喊一聲「變」，揭開紅布，你發現鐵棒變成了一根閃閃發光的金棒，你知道為什麼嗎？

遊戲道具

　　硝酸銅溶液，鐵棒一根。

遊戲步驟

將鐵棒放進硝酸銅溶液中，觀察發生的現象。

遊戲現象

閃亮的鐵棒，變成了金銅色。

科學揭秘

這個小魔術，僅僅是一個很簡單的化學反應。硝酸銅溶液和鐵棒發生反應，鐵棒中的鐵置換了出來，生成了硝酸亞鐵和銅。生成的銅附在鐵棒表面，看上去鐵棒真的變成了金棒。

遊戲提醒

鐵棒也可以變成銀棒。只要將遊戲中的硝酸銅溶液換成硝酸銀溶液即可。

7、點不著的棉布

　　舞台上的魔術師口才流利，動作嫻熟：「親愛的觀眾們，我這裡有一塊火柴點不著的棉布，你不信，上來試試。」魔術師說完，將一塊普通棉布浸泡在一盆水中，用吹風機吹乾後，點燃蠟燭，棉布放在蠟燭的火焰上面燒烤，棉布果然無法點燃，還冒出白色的煙霧。你知道這是為什麼嗎？

遊戲道具

　　氯化銨溶液少許，普通棉布一小塊，長柄夾子一個。

遊戲步驟

第一步：用長柄夾子將棉布浸入氯化銨溶液中，浸透後取出。

第二步：將棉布晾乾，然後用火柴點燃，觀察現象。

遊戲現象

　　棉布沒有被點燃，並且冒出了白色煙霧。

科學揭秘

　　普通棉布在氯化銨溶液中浸泡後晾乾，就變成了防火布了，所以無法點燃。

　　經過浸泡的棉布，表面附著了大量的氯化銨顆粒晶體。氯化銨怕熱，一旦遇熱就會發生化學反應，產生兩種氣體，將棉布和空氣隔絕。棉布失去了氧氣，也就無法燃燒了。兩種氣體在保護棉布不受燃燒的同

時，在空氣中相遇，再次化合成氯化銨小晶體。重新化合成的氯化銨小晶體在空氣中分佈，形成了類似於白煙的狀態。

　　氯化銨是最好的防火能手，在生活中廣泛應用。舞台上的佈景、艦艇上的木料等，都是經過氯化銨處理的，目的是為了更好的防火。

8、吹燃的蠟燭

　　蠟燭微小的火焰，是很怕風吹的。但也有一種蠟燭，用嘴一吹，就能點火照明，你是不是覺得很奇怪？

遊戲道具

　　滴管、蠟燭、玻璃棒各一支，白磷和二氧化硫溶液各適量。

遊戲步驟

第一步：將蠟燭燈芯散開。

第二步：白磷放入二氧化硫溶液中，用玻璃棒攪拌，用滴管滴入散開的

　　　　燈芯。

第三步：對蠟燭燈芯吹氣，觀察現象。

遊戲現象

　　蠟燭神奇地燃燒了起來。

科學揭秘

　　二氧化硫溶液極容易揮發，吹氣使二氧化硫溶液揮發速度加快。二氧化硫揮發完畢後，燈芯上只剩下了白磷。白磷和空氣中的氧氣接觸，產生了氧化反應，釋放出了熱量。當溫度超過35℃時，白磷就會自行燃燒起來，隨後引燃了蠟燭燈芯。

　　白磷在空氣中遇到氧氣會自燃，這種情況在自然界經常發生，尤其是墳地集中的地方。人們將其稱為「天火」或者「鬼火」。

9、白紙被清水點燃

　　一張白紙放進清水中，清水竟然將白紙點燃——在學校的聯歡晚會上，一位同學手拿一張白紙在表演化學魔術。只見他將白紙在觀眾中晃了兩下，將白紙折了又折，然後放進一盆清水中，白紙燃起了熊熊火焰！

　　清水是實實在在的清水，沒有添加任何物質；白紙也是實實在在的白紙。面對如此神奇的現象，我們該怎樣解釋呢？

遊戲道具

　　白紙一張，清水一盆，金屬鈉一小塊。

遊戲步驟

第一步：將金屬鈉放在白紙中央，折疊白紙數次（避免金屬鈉和空氣接觸被氧化）。

第二步：白紙放入清水中，觀察現象。

遊戲現象

　　白紙燃燒了起來。

科學揭秘

　　金屬鈉是白色的，放在白紙中央，表演者晃兩晃，台下的觀眾是無法辨別清楚的。

　　金屬鈉是一種非常活潑的化學物質，遇到水能產生劇烈的化學反

應，產生氫氣和氫氧化鈉，同時能釋放出大量熱能。包著金屬鈉的白紙被浸透後，金屬鈉和水接觸發生反應，釋放的熱能使金屬鈉迅速到達燃點，點燃了釋放出來的氫氣和白紙。

10、自動變小的雞蛋

在一般人看來，雞蛋殼的硬度是很高的，不容易變形。然而，魔術師卻將雞蛋變形縮小，通過一個比雞蛋略小的瓶口，讓雞蛋進入了瓶子，你知道這是為什麼嗎？

遊戲道具

雞蛋一個，瓶口比雞蛋略大的花瓶一個，瓶口比雞蛋略小的花瓶一個，清水適量，稀鹽酸少許。

遊戲步驟

第一步：大瓶子裝稀鹽酸，小瓶子內裝清水，兩個瓶的液體外觀看上去一致。

第二步：面對你的觀眾，演示一下，雞蛋無法進入小瓶子，卻能順利進入大瓶子。

第三步：雞蛋進入大瓶子後，稍等片刻，將雞蛋取出來，試著放進小瓶子內。

遊戲現象

雞蛋成功通過小瓶口，進入到瓶子中。

科學揭秘

雞蛋外殼的主要成分是碳酸鈣。雞蛋進入大瓶子中的鹽酸溶液後，經過浸泡發生了反應：

$2CaCO_3 + 2HCl \rightarrow Ca(HCO_3)_2 + CaCl_2$

在反應過程中雞蛋殼溶解，導致雞蛋變軟。但雞蛋內膜不是由碳酸鈣構成的，不溶於稀鹽酸，所以又不會破裂，還能保持雞蛋的原來形狀。所以雞蛋能透過變形，順利通過小瓶口進入小花瓶。

遊戲提醒

① 兩個花瓶最好是透明的，讓觀眾看起來沒有疑心；對於兩個瓶子中的溶液，可以這樣解釋：裝上液體是為了保證雞蛋落進瓶子後不容易碎裂，增加雞蛋的緩衝力。

② 兩個花瓶做一下比對，雞蛋先試著放進小花瓶，明顯地告訴觀眾放不進去，然後再放進大花瓶內。

③ 大花瓶內的稀鹽酸，要在表演前試驗好，掌握好雞蛋變軟所用的時間。用濃醋酸代替稀鹽酸亦可。

II、氣功師掌中的白煙

　　一名在當地負有盛名的氣功師，正在進行發功表演。只見他雙手合十，掌中冒出了白煙，在場的人無不讚嘆氣功師功力高強。看完下面這個小遊戲，你還佩服「功力高強」的大氣功師嗎？

遊戲道具

　　濃氨水適量，濃鹽酸適量，雙面膠少許，棉花少許。

遊戲步驟

第一步：將雙面膠貼在掌心，棉花分成兩份，分別沾取濃鹽酸和濃氨水，各貼在雙掌掌心的雙面膠上。

第二步：雙手合十，學著氣功師發功的神態，配上口中的唸唸有詞，觀察現象。

遊戲現象

你會發現，雙手隨著逐漸合攏，兩個手掌間冒出了很多白色氣體。

科學揭秘

這些氣體就是煙。濃鹽酸和濃氨水接觸後，會產生氯化銨。氯化銨是一種特別微小的固體小顆粒，懸浮在空中，產生了白煙。濃鹽酸有腐蝕性，濃氨水有臭味，宜小心實驗。

12、燒不斷的棉線

　　我們都知道，絲綿製品是很容易燃燒的，可是，場上的魔術師用打火機將一節普通的棉線點燃後，棉線燃燒完畢後，仍然在魔術師的手中拎著，沒有化成灰燼，也沒有斷開。你知道這是怎麼回事嗎？

遊戲道具

　　清水適量，食鹽適量，普通棉線一條，打火機一個，長柄鐵夾子一個。

遊戲步驟

第一步：將食鹽倒進清水中，攪拌，使之混合成濃鹽水。

第二步：將棉線在濃鹽水中浸泡片刻，拿到桌子上晾乾。

第三步：用長柄鐵夾子夾住棉線，打火機點燃，觀察現象。

遊戲現象

　　棉線被點燃後開始燃燒，火焰熄滅後，還在鐵夾子上垂吊著，沒有斷開。為了更加說明問題，我們可以做一個比對：將沒用鹽水浸泡過的棉線點燃，燒完後的棉線，很快飛灰煙滅了。

科學揭秘

　　鹽水浸泡過的棉線，為什麼燒不斷呢？這是因為棉線被鹽水包裹著，鹽水裡面的棉線已經燒盡了。大家都知道，鹽是不能夠燃燒的，裹在棉線外面的那層鹽殼，於是被保留下來。不明真相的人認為那層鹽殼就是燃燒過的棉線。

13、水滴點燃的爆竹

水滴能將爆竹點燃嗎？看了下面這個小遊戲你就會明白。

遊戲道具

爆竹一個，過氧化鈉粉末少許，小木棍一根。

遊戲步驟

第一步：將過氧化鈉粉末黏在爆竹的導火線上。

第二步：小木棍沾水，「點燃」導火線，觀察現象。

遊戲現象

小木棍上的水滴，果真將爆竹引燃了。

科學揭秘

原來，木棒上的小水滴和過氧化鈉粉末發生了化學反應：$Na_2O_2 + 2H_2O \rightarrow 4NaOH + O_2 \uparrow +$ 熱量，釋放出了大量氧氣和熱量，熱量引燃了氧氣，點燃了導火線，引爆了爆竹。

2

第二章
多彩的物理王國

H_3C

CH_2Cl

Cl

H_3C

CH_3

H_3C

CH_3

H_3C　CH_3

Cl

Cl

H_3C

CH_2Cl

Cl

② ClH_2C—⬡—CH_2Cl

C—⬡—$COOH + 2\ CH_3CH_2CH_2$

浓 H_2SO_4

E=MC2

PV=nRT=NkT

kN0=R　k=1.38X10²³

R=8.317J / mk=0.082atml / mk

第一節

玩轉物理

1、球和筆，誰跳得最高？

　　看完這個題目，你一定認為這是一個腦筋急轉彎遊戲吧！在下面的這個小遊戲中，的確可以鍛鍊你的腦筋，但不是急轉彎，而是科學常識。

遊戲道具

　　實心皮球一個，原子筆一支。

遊戲步驟

第一步：將實心皮球鑽洞，把原子筆插進去，要插得足夠深，但不要將整支筆都插進去。深淺程度以用手拿住筆，球不會掉下來為宜。

第二步：一手拿筆，上升到一定高度，讓球體自由下垂。然後鬆開球。球落地後，觀察球跳得高，還是原子筆跳得高。

遊戲現象

出人意料的是，實心球落地後，原子筆就像箭一樣，被彈得很高，而球僅跳動了一個很小的高度，或者根本沒有跳動。

科學揭秘

如果球上沒有插圓珠筆，球落地後，動能會使球彈跳起來。當插上原子筆後，球落地後產生的一部分動能，就轉移到了原子筆上了，所以筆會彈得很高。即便落地的球有很高的彈性，但是由於原子筆體積遠遠小於實心球，原擬筆彈起的高度，還是遠遠大於實心球的。

這說明運動產生的力，是可以在不同的物體之間傳送的。

遊戲提醒

不要在燈下做這個遊戲，否則彈起的原子筆有可能撞擊到燈。做這個遊戲的時候，要注意保護好臉部，免得原子筆彈傷眼睛。

2、落入酒瓶中的硬幣

　　一道看起來很難的遊戲，在科學常識面前迎刃而解。建議遊戲人數：兩人或者兩人以上。

遊戲道具

　　每人準備一根火柴，一枚硬幣，一個酒瓶（酒瓶口要大於硬幣，以便讓硬幣輕鬆落入瓶內）。

遊戲步驟

第一步：將火柴從中間折彎，但不要折斷。將折成V字型的火柴，架到瓶口上。

第二步：硬幣放到火柴上。

第三步：不允許用手、木棍等接觸硬幣、火柴和瓶子，誰先讓硬幣掉進瓶子內，誰就是優勝者。

科學揭秘

　　這個看似很難的遊戲，假如你知道遊戲的科學秘訣，會變得十分簡單。

　　只要你將手指伸進水中，讓手指上的水滴滴到火柴折彎的地方，這幾個小水滴會幫你的大忙。不一會兒，你會看到火柴折彎的地方竟然動了起來，V字型的口越來越大，最後硬幣掉進了瓶子中。

　　為什麼會出現這種現象呢？

　　原來，一般的火柴棒，都是用一般的木料製成的。木質中的導管，可以輸送水分；木質中的木纖維，堅硬富有韌性，可以輸送無機鹽。水滴滴在火柴折彎處，水會沿著木質纖維之間的導管，向火柴棒滲入。木纖維受潮後膨脹，這種膨脹在木纖維折彎處尤為明顯。所以火柴棒會逐漸變形伸直，支撐硬幣的V字型會逐漸收縮，硬幣失去了支撐，自然就掉到瓶子中了。

3、看得見的聲音

- 空罐頭盒
- 碎鏡片
- 氣球

　　大家都知道聲音是用來聽的。下面這個遊戲，聲音可以出現在你的眼前，讓你聽得到、看得見。

遊戲道具

　　空罐頭一個，氣球一個，剪刀一把，碎鏡片一塊，雙面膠少許。

遊戲步驟

第一步：空罐頭兩頭打通。

第二步：用剪刀從氣球上剪下一塊橡膠皮，繃緊到罐頭盒的一端。

第三步：繃緊的氣球橡膠皮上，用雙面膠黏貼幾個碎鏡片。不要黏貼在橡膠皮的中心，要靠邊。

第四步：選擇一個陽光充足的晴天，對著太陽站在一面牆前面，人距離牆壁三、四米遠。

第五步：手拿空罐頭，讓鏡子對著牆壁，你會看到碎鏡子將細碎的陽光反射到了牆壁上。

第六步：對著空罐頭高聲喊叫，拉長聲音喊、變調喊、急促喊等，觀察現象。

遊戲現象

你會看見鏡片在跳動，牆壁上的光斑，隨著鏡片的運動產生了不同的圖形，這些圖形就是你所看到的「聲音的形狀」。

科學揭秘

「看到聲音」僅是一個具體的說法。其實你看到的不是聲音，而是聲音所發出的振動。聲音在空氣中傳播，具有一定的能量。當作用到障礙物的時候，能發出振動。在日常生活中，各種機械，比如鐘錶、機器等，無論大機械還是小物件，只要發出聲音，都會產生振動。

目前，人們發明了一種名叫「示波器」的儀器，可以對聲音發出的振動，做精確的研究。

4、怎樣讓硬幣出來？

　　桌子上有一個玻璃杯，裡面倒扣著一枚硬幣。不允許用手碰到硬幣和玻璃杯，你能用怎樣的辦法取出硬幣呢？當你百思不得其解的時候，慣性會來幫你的忙。

遊戲道具

　　台布一塊（不能用塑膠台布代替），桌子一張，玻璃杯一個，五元硬幣兩枚，一元硬幣一枚。

遊戲步驟

第一步：將台布鋪在桌子上。

第二步：玻璃杯倒扣在桌子上，一元硬幣位於玻璃杯杯口中間；兩枚五元硬幣將玻璃杯口支起來。

第三步：用手指輕輕在靠近玻璃杯處的台布上不停地抓刮，觀察現象。

遊戲現象

　　你會看到，硬幣會一步一步從玻璃杯裡面「走」出來，最後鑽出了杯子。

科學揭秘

　　這到底是怎麼回事呢？原來，當手指每次刮到台布的時候，具有鬆緊性的台布，就會往前拉伸一點點，杯子中央的一元硬幣也就跟著向前移動；當手指放開台布時，台布反彈回原狀，縮了回去，硬幣由於慣性

作用，會停留在原地。這樣，手指每刮一次，硬幣就會前進一小步，反反覆覆抓刮台布，硬幣就會不請自出了。

5、杯底抽紙

　　從杯子下面將壓著的白紙抽出來，這個看似簡單的動作，如果沒有科學的方法，是很難完成的。

遊戲道具

　　喝水用的杯子一個，形狀和大小不限；16開的白紙一張。

遊戲步驟

第一步：將杯子裝滿水，白紙壓在杯子下。

第二步：參加遊戲的人只能用一隻手去抽取杯子下面的白紙，不允許碰到杯子，也不允許將杯子拉到桌子下面；更不能讓杯子中的水灑落到桌子上。誰先將白紙抽出來，誰就是優勝者。

科學揭秘

如果沒有掌握正確的方法，這個看似簡單的動作，將難倒很多人。

最科學的方法是：毫不遲疑，用最快的速度猛然將白紙抽出來。這時候杯子只會抖動一下，就很快不動了。只要速度合適，即便水杯放在桌子邊沿，也不會落下來。相反，那些小心翼翼、動作緩慢的人，無論他們多麼仔細，動作多麼輕柔，其結果只能使白紙拉動杯子向前不停地挪動。

這個遊戲中蘊含的科學是「慣性」。由於動作迅速，慣性能使杯子保持原來的靜止狀態。

遊戲提醒

要想遊戲成功，必須讓杯子底部和外壁保持乾燥，如果沾上水，是無法成功將白紙抽出來的。

6、近距離「觀察」聲音

　　如果說聲音是用來聽的，恐怕沒人會反對；如果說聲音能夠看得到，恐怕有人會提出異議。下面這個科學小遊戲，能夠讓你近距離來觀察聲音。

遊戲道具

　　薄塑膠小碗一個，小木勺一支，鋁鍋一個，塑膠薄膜適量，橡皮筋一條，米粒少許。

遊戲步驟

第一步：在塑膠小碗上面蒙上一層塑膠薄膜，用橡皮筋繃緊，不要留下
　　　　　皺痕；

第二步：將米粒放在薄膜上面。

第三步：鋁鍋靠近塑膠碗，但不要緊挨著。用小木勺敲打鋁鍋，觀察現
　　　　　象。

遊戲現象

你會看見塑膠薄膜上面的小米粒四處亂蹦。

科學揭秘

當你用小木勺敲打鋁鍋的時候，鋁鍋會發出叮噹叮噹的聲音，聲音
產生了振動，並且產生了聲波。聲波在空氣中四處傳播，觸動到了碗上
面的塑膠薄膜，塑膠薄膜也產生了振動，進而使米粒跳動起來。

人之所以能聽得見聲音，是因為人的耳朵能夠接收聲波的功能。人
的耳朵裡面有耳膜，耳膜很薄，高度敏感。當聲波接觸到耳膜的時候，
耳膜就開始了振動。耳膜將這些振動，迅速傳播到耳朵裡面的液體中。
於是，聽覺神經將這些聲音所蘊含的資訊，傳遞到大腦，大腦對這些聲
音所蘊含的資訊進行解讀，這樣我們就能聽到各式各樣的聲音了。

7、搖不響的小鈴噹

　　大家都知道，小鈴噹一搖，就會發出清脆的聲音，可是，這裡的小鈴噹卻搖不響，是怎麼回事呢？

遊戲道具

　　兩個同等大小的鐵製圓筒，兩個比圓筒大的膠塞，一個鈴噹，一盞酒精燈，一個鐵支架，水。

遊戲步驟

第一步：取下兩個鐵筒的上下底，換上膠塞，塞緊筒口，使之不漏氣。

第二步：在每個膠塞的下面繫一個小鈴噹，用塞子塞緊筒口。

第三步：搖動鐵筒，從兩個鐵筒中都發出悦耳的鈴聲。

第四步：取下其中一個鐵筒的膠塞，向筒中注入少量的水，把鐵筒放在鐵支架上加熱，使筒中的水沸騰；等大部分空氣排出後，迅速塞緊膠塞，再把鐵筒放入冷水中冷卻，然後搖動鐵筒，就聽不到鈴聲了，而搖動另一個鐵筒卻仍然聽到鈴聲。

科學揭秘

當加熱後的空氣全部排出後，把密閉的鐵筒放入冷水中冷卻，這樣，鐵筒裡形成了真空，所以再搖動鐵筒就聽不到鈴聲了，這說明聲音能在空氣中傳播，而在真空中是不能傳播的。

8、自造三弦琴

你喜歡音樂嗎？下面的科學小遊戲，告訴你自造三弦琴的方法。

遊戲道具

小鐵盒一個，三條橡皮筋（寬度各有區別），兩支筷子。

遊戲步驟

第一步：將三條橡皮筋套在鐵盒上，這樣一個簡易的三弦琴就製作好了。撥動橡皮筋，觀察現象。

第二步：兩支筷子插在橡皮筋下面，鐵盒每端各插一支。

第三步：再次波動橡皮筋，觀察現象。

遊戲現象

第一次撥動橡皮筋的時候，你會聽到聲音含糊不清，而且十分單調；第二次撥動橡皮筋的時候，三弦琴的聲音變得清晰動聽了，這是為什麼呢？

科學揭秘

原來，這和共振有關。共振是物理學上的一個運用頻率非常高的專業術語。共振的定義是兩個振動頻率相同的物體，當一個發生振動時，引起另一個物體振動的現象。共振在聲學中亦稱「共鳴」，它指的是物體因共振而發聲的現象，如兩個頻率相同的音叉靠近，其中一個振動發聲時，另一個也會發聲。

　　當你第一次撥動橡皮筋時，橡皮筋和鐵盒產生了摩擦，阻礙了橡皮筋振動的傳播，所以聽起來含糊不清。第二次撥動橡皮筋時，筷子將橡皮筋懸空，使橡皮筋和鐵盒的摩擦減少，橡皮筋和和鐵盒裡面的空氣發生共振，進而產生振動，聲音也因此更加清晰，更加深沉。

　　根據共振的原理，人們製造了小提琴等絃樂器。在此類樂器中，都有一個小空間，空間內的空氣和琴弦發生共振，進而發出美妙多彩的音樂——這就是絃樂器的發聲原理。

　　共振能夠帶來美妙的音樂，也能帶來災難。如果一座大橋，橋面上的交通工具或者行人所發出的振動，和大橋本身的振動相同的話，所有的振動，就會產生一個頻率相同的共振，大橋就會面臨坍塌的危險。

9、氣球載人

　　一些所謂的氣功大師站在氣球上飄飄然，他們真的有什麼特異功能嗎？為了解開這個謎，科技小組的同學們一起設計了以下實驗。

遊戲道具

　　氣球數個，一塊光滑的長木板。

遊戲步驟

第一步：在兩個相同的氣球裡邊充滿氣，並排放在地面上，上面放置一塊光滑長木板，體重小一些的同學站了上去，氣球安然無恙；體重大一些的同學站上去，氣球「砰」的一聲破裂了。

第二步：將兩個氣球套起來，再充滿空氣，在長木板兩端各放置一個這樣的氣球，體重大一些的同學站了上去，氣球安然無恙，重複數遍，效果皆然。

科學揭秘

　　為什麼弱小的氣球能承擔人的重力呢？原來氣球裡的空氣能將受到的壓力向氣球各個方向均勻分散，就像自行車輪胎裡的空氣能將你的重力均勻分散到輪胎各個地方一樣，從這個角度進行計算如下：

① 設每個氣球直徑d＝20公分，由面積公式s＝4πr²可知，兩個氣球表面積s＝2512平方公分。

② 設一個同學的重力G＝500N，由壓強公式P＝G/s，可知每平方公分面積上受到的壓力只有 0.2 N，這是完全可以承擔的，實驗揭開了謎底，氣球載人不是神話，而是科學。

遊戲提醒

　　本實驗要注意以下幾個問題：站上去的同學要盡力保持平衡；上下木板時不能又蹦又跳，這會大大增加對氣球的壓力的；木板和地面要光滑，任何的小凸起都可能造成實驗的失敗。

IO、手機演繹的物理奧祕

　　手機的應用已非常普遍，它除了具有通訊、娛樂等作用外，在物理實驗教學中也有著廣泛的作用。

① 一隻小小的手機可以證明：聲音是由物體振動產生的。

　　遊戲方法：先將手機設置成「來電振動」顯示狀態，並放在工作台面上，手機不振動，沒有發出聲音；接著用另一隻手機撥打該手機，手機振動，可以聽到手機與桌面間因振動發出的聲音，說明聲音是由物體振動產生的。

② 一隻小小的手機可以證明：聲音的傳播需要介質。

　　遊戲方法：將手機設置為「來電鈴聲」顯示並懸掛在玻璃罩內，用另一隻手機去撥打它，可以清楚地聽到鈴聲。用抽氣機逐漸抽去玻璃罩內的空氣，鈴聲越來越小，直到聽不到了，說明聲音不能在真空中傳播。

③ 一隻小小的手機可以證明：電磁波能在真空中傳播。

　　遊戲方法：將手機放在玻璃罩內，用另一隻手機撥打，能接通；將玻璃罩內空氣抽去，依然可以接通；這說明電磁波可以在真空中傳播。

④ 一隻小小的手機可以證明：靜電屏蔽。

　　遊戲方法：取一封閉金屬網罩（網格要小些，如鐵紗網），將手機懸掛其內，然後用另一隻手機去撥打，聽到的聲音是「對不起，您撥的電話暫時無法接通，請稍後再撥」，說明金屬網罩內沒有電磁信號，該手機已經被遮罩。

$$E=MC2$$

$$S= \frac{m_1s_1+m_2s_2+...}{m_1+m_2+...}$$

第二節

熱能的個性表演

1、銅絲為什麼會發熱？

一根銅絲拿在手中，感覺涼絲絲的。突然之間它會變得灼熱燙手，你知道這是為什麼嗎？

遊戲道具

銅絲一根（或者鐵絲）。

遊戲步驟

兩手僅僅捏住銅絲，迅速折彎多次，然後用手試探折彎處，會有怎樣的感覺呢？左手緊握銅絲，右手拉住銅絲在左手間快速抽動數次，感覺有怎樣的現象產生呢？

遊戲現象

感覺銅絲變得灼熱燙手。

科學揭秘

這是因為物體之間的摩擦，可以產生熱能。

第一個試驗是銅絲在折彎的時候，銅絲內部分子之間產生劇烈摩擦，摩擦力轉換成了熱能；第二個試驗是銅絲和手之間的摩擦，銅絲和手之間的摩擦轉換成了熱能。這兩種情況都是由機械能轉化成熱能的經典案例。

2、巧手製作保溫器

學會下面這個小遊戲，你可以向同伴們炫耀：你看，我自己也會製作熱水瓶了哦！

遊戲道具

帶蓋子的大瓶子一個，帶蓋子的小瓶子一個，小玻璃杯一個，熱水一杯，膠帶一圈，玻璃杯一個，軟木塞一個，剪刀一把，鋁箔兩小片。

遊戲步驟

第一步：將兩小片鋁箔包在帶蓋的小瓶子外面，用膠帶固定。鋁箔的亮面朝裡。

第二步：在玻璃杯和帶蓋的小瓶子裡面倒上熱水，將小瓶蓋擰緊。

第三步：軟木塞放在大瓶子的底部，將小瓶子放在軟木塞上面，蓋上大瓶蓋，這樣，一個保溫器就製作完成了。

第四步：十分鐘後，觀察小瓶子和玻璃杯裡面的水，看看情況怎樣。

遊戲現象

十分鐘後，取出大瓶子裡面的小瓶子，用手指試探，小瓶子裡面的水是熱的，而玻璃杯裡面的水溫，遠遠低於小瓶子裡面的水溫。

科學揭秘

「絕緣體」能有效阻止熱能的傳播。如果熱的物體被絕緣，那麼溫度就會保持長久；反之，熱的物體如果不被「絕緣」，就會很快變冷。

絕緣體的作用，就是不讓熱（同時包括熱外面的冷）輕易通過。我們日常用的熱水瓶，就是這個道理。

　　在這個小遊戲中，瓶蓋阻止了熱向上散發軟木塞和大瓶中的空氣，阻止了小瓶子熱水向下和四周傳導熱能；而鋁箔的亮面，也有助於保溫。

　　暖瓶中為什麼總會是熱的？因為暖瓶中有亮面做為襯裡，有嚴密的瓶蓋，所以熱水的大部分熱無法散逸逃出。暖瓶不但可以保溫，還可以保冷：將冷飲放進暖瓶中，冷飲也不會變熱，因為暖瓶阻擋了外面的熱進入。

3、無法燒毀的布條

　　布條上面沾滿了易燃的酒精，酒精燒完了，布條卻毫髮無傷，你知道這個布條為什麼如此神奇嗎？

遊戲道具

　　棉布條一根，蠟燭一根，打火機一個，酒精少許，一杯清水。

遊戲步驟

第一步：將棉布條用水浸濕，中間滴上少許酒精。

第二步：點燃蠟燭，用手握住布條兩端，將布條張開，移動到蠟燭上方，讓蠟燭火焰燒烤滴有酒精的部分，觀察現象。

遊戲現象

棉布條滴有酒精的部位上方燃起了火焰，就像蠟燭的火焰穿過了布條在燃燒一樣。當拿下布條時，奇怪的現象出現了：布條竟然沒有燒毀！

科學揭秘

在揭示這個遊戲現象之前，我們先看一下下面這個類似的小遊戲：

用白紙做成的杯子，裝上水在蠟燭火焰上燒烤。杯子裡面的水燒開了，但紙杯卻沒有著火。

原來，水在沸騰過程中，溫度都不會超過100℃。被水浸透的棉布，只要水分不乾，棉布在火上燒烤，棉布的溫度也不會超過100℃。所以，雖然酒精燃燒了，紙裡面的水燒開了，棉布和白紙都沒有被燒毀，因為棉布和白紙的燃點都超過了100℃。

4、神秘消失的熱量

　　我們知道，能量是以不同的方式存在的，既不會憑空產生，也不會憑空消失，它只能從一種形式轉化為另一種形式。可是，在本遊戲中，火焰產生的熱能，為什麼消失了呢？

遊戲道具

　　燒杯一個，酒精燈一盞，溫度計一個，勺子一支，打火機一個，冰塊和水適量。

遊戲步驟

第一步：將冰塊和水混合倒在燒杯中，一邊倒一邊用勺子攪拌，然後用溫度計測量燒杯內液體的溫度，直到顯示為0℃為止（要讓溫度計上的小球完全浸沒在冰水中，不要碰燒杯壁）。

第二步：用打火機點燃酒精燈，將燒杯加熱一分鐘，熄滅酒精燈，用勺子攪拌燒杯內的冰水。

第三步：用溫度計重新測量燒杯內的冰水，觀察現象。

遊戲現象

　　溫度計還是顯示為0℃。

科學揭秘

　　酒精燈燃燒了一分鐘產生的熱量，全部傳導給了燒杯，可是燒杯內的溫度卻一點也沒有增加，酒精燈傳導的熱能，為什麼消失了呢？

事實上，熱能一點也沒有消失。只要水裡面有冰，水溫總會保持在
0℃。給燒杯加熱的熱能，都被融化的冰消耗了。當冰水裡面的冰徹底
融化後，繼續加熱，熱能才能使水溫升高。

5、鐵環中的硬幣

　　一個很有意思的關於熱脹冷縮的小測試，如果不實際動手，恐怕會有很多人答錯。

遊戲道具

　　硬幣一枚，細鐵絲一根（粗細和迴紋針差不多），長柄木夾子，蠟燭一根，尖嘴鉗一把，打火機一個。

遊戲步驟

第一步：鐵絲通過硬幣平面直徑，將硬幣環繞，然後用尖嘴鉗將鐵絲介　　　　面處擰緊，形成一個鐵絲環。鐵環的要求是：硬幣剛好豎立從　　　　裡面通過，不大不小正合適。

第二步：打火機點亮蠟燭，長柄夾子夾住硬幣，在蠟燭火焰上燒烤幾分　　　　鐘。

第三步：再次將硬幣放入鐵環中，觀察現象。

遊戲現象

　　硬幣無法通過鐵環了。

科學揭秘

　　硬幣受熱後發生了膨脹，所以無法通過鐵環。等硬幣冷卻後恢復了原狀，又能通過鐵環了。

6、被點燃的蠟燭

點燃蠟燭,這應該是很容易的事情。但不許使用化學方法,不許接觸蠟燭燭芯,你能將蠟燭點燃嗎?

遊戲道具

打火機一個,蠟燭一根。

遊戲步驟

第一步:先用打火機點燃蠟燭,讓蠟燭燃燒片刻。

第二步:吹滅蠟燭,觀察燭芯冒出來的白煙。

第三步:用打火機的火焰接觸白煙,觀察現象。

遊戲現象

你會發現蠟燭重新被點燃了。

科學揭秘

儘管打火機的火焰沒有接觸到燭芯,蠟燭卻被神奇地點燃了起來,這是為什麼呢?原來,蠟燭經過燃燒被吹滅後,蠟燭燭芯以及其周圍的蠟質,都還處於極高的溫度中,被大量熱量包圍著。這些熱量以白色煙霧的形式散發出來,這些帶有大量熱量的煙霧,是可以被點燃的,遇到明火即可燃燒,引燃了蠟燭。

7、煮不死的魚

我們知道，將一條活魚與冷水同煮，水不到沸騰時，魚就會死去。而下面介紹的一個小實驗卻會讓你感到吃驚：魚可以在沸騰的水中自由自在地游來游去。

遊戲道具

活的小魚一條，大試管一個，酒精燈一盞，打火機一個，清水適量。

遊戲步驟

第一步：取一個大試管，裡面裝滿水，再放入一條小魚。

第二步：用酒精燈加熱試管上部，直到上部的水沸騰。

遊戲現象

你將看到，試管上部的水沸騰了，而底部的小魚卻若無其事，依然在游動。

科學揭秘

小魚為什麼煮不死呢？這是因為水是極不容易傳熱的物質，即使試管上部的水溫升到100℃，下面的水仍然是冷的，所以下面的小魚不會被煮死。

遊戲提醒

如果用酒精燈加熱試管的下部，問題就出來了，這時試管下部是熱

水，而上部是冷水，熱水的密度小，就會上升，而冷水就會下降，進而形成對流，將熱量傳到水的上部，這樣整個試管中的水就會沸騰，小魚就只有死路一條了。

8、杯中的水為什麼會發熱？

在農村流行著一種簡易熱水器，黑色的塑膠袋裡面裝滿了清水，日曬後水溫升高，就可以洗澡了。你知道這是為什麼嗎？

遊戲道具

兩個玻璃杯，一塊黑布，一個溫度計。

遊戲步驟

第一步：兩個玻璃杯內裝滿清水，放置在陽光充足的地方。

第二步：將一個玻璃杯蒙上黑布，一段時間後，用溫度計探測兩個玻璃杯裡面的水溫。

遊戲現象

　　蒙有黑布的玻璃杯水溫升高。

科學揭秘

　　這是因為黑色的東西容易吸收陽光。在本遊戲中，黑布吸收陽光，將陽光聚集在一起轉化為熱量，熱量將周圍的空氣和下面的水加熱。我們平時穿黑色的衣服，在陽光充足的天氣會感到更熱。農村中的簡易熱水器，全都是用黑色塑膠袋製作的，就是考慮了黑色吸收陽光的這一原理。

9、耐高溫手帕

　　薄薄的絲織品手帕，一根點燃的香菸卻燙不壞。大家都知道，香菸燃燒時的表面溫度為200℃到300℃之間。什麼樣的手帕這麼神奇，可以承受如此高溫呢？

遊戲道具

　　硬幣兩枚，舊手帕一條。

遊戲步驟

第一步：將硬幣緊緊包裹在手帕中，用力擰緊。

第二步：點燃一根香菸，用香菸燙包裹硬幣的手帕（香菸和手帕接觸的時間不宜過長）。

遊戲現象

　　手帕完好無損，沒有被燙壞。取一條舊手帕，如果不包裹硬幣，手帕一下子就被燙出了一個洞。

科學揭秘

　　這是因為手帕接觸到菸頭後，裡面的硬幣很快將菸頭的熱量分散，所以手帕完好無損。如果菸頭在手帕上停留的時間過長，熱量就會越積越多，得不到很好的揮發，手帕就會被燙壞。

10、手的「魔力」

　　太陽可以提供熱能，高處墜落的水能夠提供動能，那麼，我們的人體有能量嗎？

遊戲道具

　　帶有橡皮擦頭的鉛筆一枝，剪刀一把，A4紙一張，大頭針一枚。

遊戲步驟

第一步：用剪刀將紙裁成7.5公分見方的正方形，沿兩條對角線分別對折，展開之後紙上會出現兩條交叉的痕跡。

第二步：按照折痕，將正方形往上推，形成一個高度大約為1.25公分四面凹的椎體。

第三步：取來鉛筆和大頭針，並將大頭針插入橡皮頭，將椎體兩條對角線的交叉點頂在大頭針上。

第四步：坐在椅子上，將鉛筆夾在膝蓋中間，將雙手併攏成杯狀，放在距離椎體2.5公分的地方。

遊戲現象

　　一分鐘過後，手就會發出神奇的「魔力」，椎體慢慢地旋轉起來。

科學揭秘

　　椎體之所以能夠旋轉，是因為我們的手有溫度，提供了熱能，使椎體附近的空氣受熱，發生上升現象，因此能夠使大頭針上端平衡的紙轉動起來。

11、教你做「孔明燈」

　　相傳「孔明燈」是三國時期蜀國大軍事家、大謀略家諸葛亮發明的，用於戰爭期間部隊之間互相通信，現在，請跟著下面這個遊戲動動手，你也來做盞孔明燈吧！

遊戲道具

　　薄紙若干張，剪刀一把，竹條一根，細鐵絲一根，膠水，酒精棉球，火柴一盒。

遊戲步驟

第一步：把薄紙剪成若干張紙片，將第一張紙片的一邊與第二張的一邊黏在一起，再黏第三張、第四張……依次黏上去，直到拼成一個兩端鏤空的球狀物，像一個燈籠一樣。

第二步：再剪一張圓形薄紙片，把上面的圓空口糊住，膠水乾了以後，把紙氣球吹脹。

第三步：用一根薄而窄的竹條，彎成與下面洞口一樣大小的竹圈，在竹圈內交叉兩根互相垂直的細鐵絲並繫牢，然後把竹圈黏在下面洞口的紙邊上，把酒精棉球紮在鐵絲中心，這樣，孔明燈就做好了。

科學揭秘

　　這個遊戲利用了空氣受熱膨脹的原理，點燃酒精棉球時，孔明燈內

的空氣受熱，體積就會膨脹，就會向外跑一部分，這時孔明燈受到的空氣的浮力大於孔明燈的自重和內部的空氣的自重之和，孔明燈受到向上的浮力，就會飄起來。

遊戲提醒

注意糊成的紙氣球除了開口以外，其他部分不能漏氣。

12、水火交融

真是不可思議！水和火不是一對冤家嗎？怎麼會相互交融呢？

遊戲道具

蠟燭，鐵釘一枚，大口玻璃瓶，火柴。

遊戲步驟

第一步：在大口玻璃瓶中注入2/3清水。

第二步：讓一截蠟燭頭漂浮在裝滿水的大口玻璃瓶中，事先要用一枚合適的鐵釘為其加重，讓蠟燭頭的上端剛好露出水面。

第三步：點燃蠟燭，觀察會發生什麼現象。

遊戲現象

蠟燭燃燒一段時間後，照理應該下沉才是，也就是說，當蠟燭頭和鐵釘的分量大於被排除的水量時。但是，蠟燭卻仍然飄在水面繼續燃燒。

科學揭秘

因為在火苗周圍形成了一層薄薄的蠟膜壁。蠟在水中達不到熔點，所以不會蒸發和熄掉。

13、紙杯燒水

燒水通常用的是鐵壺、銅壺，你想過用紙杯也能燒開水嗎？

遊戲道具

一個質地較硬的紙杯，蠟燭一根，鐵鉗一把，一盒火柴，清水適量。

遊戲步驟

第一步：在一個水泥平台上，用火柴點燃蠟燭。

第二步：用鉗子夾起紙杯，懸在火焰正上方。

第三步：一直端著紙杯，直到水燒開。

遊戲現象

紙杯中的水已經沸騰，但是紙杯卻不會被點燃。

科學揭秘

火焰的溫度原本高於紙杯的燃點，可是由於紙杯和水都被加熱，紙杯中的水吸收了大量熱量，而開水的溫度低於紙的燃點，這樣紙杯的溫度始終無法達到燃點，於是紙杯就不會燃燒。在這裡，水起到了控制溫度的作用。

E=MC2

第三節

「淘氣」的水精靈

$1g/cm3=1000kg/m3$

$1kgw=9.8nt=1000gw$

1、水中取糖

我們知道火中取栗會燙手，在水中取糖該用怎樣的妙法呢？

遊戲道具

白糖少量，小湯勺一支，爐子一個，打火機一個，鋁鍋一個。

遊戲步驟

第一步：鋁鍋內裝水，放入白糖適量，用湯勺攪拌，使之徹底融化。

第二步：打火機點燃爐子，將鋁鍋放置在爐子上面，不停蒸煮。

第三步：期間品嚐鍋蓋上面凝結的水滴。隨著水分逐漸蒸發，觀察現象。

遊戲現象

鍋蓋上面凝結的水滴是淡水的味道，沒有一點白糖的甜味；當鋁鍋內的水分蒸發到一定程度時，你會看見有白糖析出來。

科學揭秘

水受熱會蒸發，但白糖受熱不會蒸發，所以鋁鍋鍋蓋上的水沒有甜味。鍋內的水分蒸發完畢後，會將白糖留下。這樣，你就成功將白糖從水中取了出來。

你還可以用清水和咖啡、清水和鹽來做這個試驗，得到的結論都是一樣的。如果想將溶液進行分離，蒸發就是一種最好的方法。我們得出的結論是：可溶物質是不會和水一起蒸發的。蒸發可以使溶液分離，但只有純淨的水才能被蒸發出來。

2、漂浮在水面上的彩雲

　　水壺裡面的冷水為什麼能被燒熱煮沸？看完下面這個「飄在水面上的彩雲」的小遊戲，你就會明白其中的道理了。

遊戲道具

　　一個透明的玻璃容器，一個小玻璃瓶，紅色墨水。

遊戲步驟

第一步：玻璃容器內倒上溫度較低的清水。

第二步：小瓶內裝滿熱水，滴入幾滴紅墨水。

第三步：將小瓶子蓋好蓋，放入玻璃容器內，玻璃容器內的水要將小瓶子淹沒，然後去掉小瓶子上面的蓋子，觀察現象。

遊戲現象

　　小瓶子內的紅色墨水從玻璃容器內漂浮到了液體表面，就像漂浮在水面上的彩雲。彩雲在水面上擴散，不一會兒開始下沉，和其他無顏色的清水融合。

科學揭秘

　　水和其他物質一樣，也是由很小的分子構成的。水受熱，水分子的運動加速，水分子開始鬆散開來，由冷狀態的緊密排列，變成了熱狀態下的鬆散排列，因此質地變得更輕。這就是為什麼溫度較高的彩色水，漂浮在溫度較低的清水上面的緣故。隨著兩種水溫的接近，差別消失，

兩種顏色的水開始互相融合了。

　　知道了這個遊戲的科學道理，我們再看為什麼水壺中的冷水受熱後變暖煮沸。水壺和湯鍋一般都是用鋁製品做成的，能夠很好地聚集熱量和散發熱量。水壺受熱後，水壺底部的水開始受熱，溫度變高，開始上升；溫度較低的水開始下降。就這樣冷熱循環，熱能被傳導到水壺的各個地方，這種方式叫做對流。透過對流，爐火將水壺中的水燒熱煮沸。熱量在空氣中的流動，也是這個道理。

3、漂浮在水面上的針

比水重的大頭針，能在水面上漂浮，你知道這是為什麼嗎？

遊戲道具

縫衣針一根（或大頭針），乾淨的玻璃杯一個，濾紙一張，清水適量，肥皂水適量。

遊戲步驟

第一步：玻璃杯內加注適量清水。

第二步：將縫衣針或者大頭針放在濾紙上，一起放入杯子的水面上，濾紙承載著縫衣針，漂浮在液面上。

第三步：稍等片刻，觀察現象。

第四步：往玻璃杯內注入少許肥皂水，觀察現象。

遊戲現象

稍等片刻之後，濾紙被水浸濕，濾紙下沉，卻發現縫衣針漂浮在水面上了；往玻璃杯裡面添加了肥皂水後，卻發現縫衣針下沉到了水底。

科學揭秘

促使液體表面收縮的力叫做表面張力。液體表面的分子受到向內的一股力量牽引，所以液體會儘量向內收縮，滴在桌子上的水滴不會無限制平攤，而是形成圓球狀，就是液體表面張力作用的結果。

縫衣針之所以漂浮在水面上，是因為液體表面張力的作用。和縫衣

針接觸的液體，形成了表面張力，就像繃緊的薄膜，將縫衣針托在水的表面上。

　　加入肥皂水，破壞了水的表面張力，所以導致縫衣針下沉。

　　一般情況下，水的表面張力大約為71.96 達因／公分；而1% 肥皂水的表面張力約為29.11達因／公分，5%肥皂水的表面張力約為28.26達因／公分。由此可知，肥皂水的表面張力小於水的表面張力，水內注入肥皂水後，混合液體的表面張力降低，導致縫衣針下沉。

4、噴水比賽

這是一個簡單而且好玩的遊戲，建議遊戲人數在兩人以上。

遊戲道具

一人一個空罐頭，鐵錐一把。

遊戲步驟

第一步：每人自己用鐵錐在空罐頭上鑽出一個小孔（鑽孔的時候要注意安全，千萬別扎傷手）。

第二步：用手指堵住小孔，往罐頭裡面注滿水。

第三步：參加遊戲的小朋友們站在一條直線上，伸直手臂。隨著一聲比賽開始，一起放開堵住小孔的手指，看誰的罐頭裡面的水噴的最遠。

科學揭秘

其實不用比賽，單看罐頭上鑽的小孔就知道遊戲的勝負了。在罐頭上端鑽洞的，流出水的距離最近；小孔越靠下，水噴出的距離也就越長。因為水本身就有一個壓力，小孔上面的水液面越高，水所施加的壓力也就越大，噴出來的水也就越遠。

5、水滴「走鋼絲」

讓水滴從一條細線上像雜技演員「走鋼絲」一樣「走」過去,你能做到嗎?

遊戲道具

兩個玻璃杯,一塊肥皂,一條細線,膠帶,清水適量。

遊戲步驟

第一步:用肥皂把線擦一遍,在其中一個杯子中倒入半杯水。

第二步:用膠帶把一條細線的兩端固定在兩個杯子的內側,距杯口二～三公分。

第三步:拿起裝水的杯子,與另一個杯子形成坡度。

第四步:輕輕拉緊細線,往外倒水。

遊戲現象

你就會看到水滴在線上一滴滴滾到另一個杯子裡。

科學揭秘

用肥皂把細線擦一遍,改變了水的表面張力,增加了水和線的吸引力。這種表面張力使水變成圓形水滴,並能沿細線流過。

6、濕衣服上的水到哪裡去了？

　　衣服用水洗後晾在繩子上，過段時間就乾了，衣服上的水，到哪裡去了呢？

遊戲道具

　　兩個容量相同的水杯。

遊戲步驟

第一步：將兩個水杯倒滿清水，放置到陽光充足、通風的地方，其中一個水杯蓋緊蓋子，另一個水杯敞開口。

第二步：一天後，觀察兩杯水的液面高度。

遊戲現象

　　蓋蓋子的水杯液面沒有變化；敞開口的水杯液面降低。

科學揭秘

　　水杯通風受熱後，杯子中的水分變成了細小的水蒸氣，在空氣中飄走了。衣服清洗後之所以能晾乾，就是這個道理。

　　除了熱量能使水分子蒸發外，流動的空氣，比如風，我們吹出的氣，也能使水分子蒸發。

　　在常規氣壓下，水被加熱煮沸後的溫度是攝氏100度。沸騰的水產生了氣泡，氣泡破裂後，形成了一層氣霧，這就是水蒸氣，水蒸氣從水的表面飛散到空中。順便說一下，氣壓不同，水的沸點也不同。在空氣

稀薄的高海拔地區，氣壓相對較小，水燒不到攝氏100度，也會沸騰。

等品質的水蒸氣，要比水占的空間大，大約是水的1700倍。假如將一定品質的水壓縮在一個堅固密封的容器裡，在外面給容器加熱，那麼，容器內的水會變成水蒸氣，所聚集的能量是巨大的。在一定壓力下，水蒸氣釋放出的能量，可以推動機器——19世紀問世於英國、世界上第一台蒸汽機，就是在這個原理指導下發明的。

7、遇冷膨脹──水的奇怪特性

　　我們都知道，熱脹冷縮是物體的一種基本性質。在一般狀態下，物體遇冷後會收縮；遇熱後會膨脹。所有的物體都具有這種特性，而且在生活中十分常見。比如：踩扁的乒乓球在熱水中一燙就能恢復原狀，是因為乒乓球內部空氣遇熱膨脹的緣故；鐵軌之間留有縫隙，是為了給鐵軌在遇熱膨脹時留有空間；兩根電線杆之間的電線，在冬天之所以繃得很緊，是因為電線遇冷收縮等等。

　　但是，有沒有例外呢？

遊戲道具

玻璃瓶一個,冰箱一台,毛巾一條。

遊戲步驟

第一步:玻璃瓶內裝滿冷水,用毛巾包好放進冰箱裡面。

第二步:等玻璃瓶內的水完全結冰後,打開冰箱,觀察現象。

遊戲現象

玻璃瓶被脹裂了。

科學揭秘

水在結冰的時候,體積增大,脹裂了瓶子。毛巾包裹瓶子,是為了防止玻璃碎片散落在冰箱內。

水在攝氏4度以上會熱脹冷縮,而在攝氏4度以下會冷脹熱縮。當液態的水遇冷,變成固體的冰塊時,內部分子之間開始擴大,體積也隨之增大。因此,冰的密度要比水小,巨大的冰塊,之所以能夠漂浮在水面上,就是這個道理。所以,水的體積是超越於「熱脹冷縮」這一規律的。

8、飄在空中的水

怎樣讓水「飄」在空中，不落下來？這個科學小遊戲可以為你破解難題。

遊戲道具

玻璃杯，平塑膠蓋。

遊戲步驟

第一步：把一個玻璃杯灌滿水，用一個平的塑膠蓋蓋在上面。

第二步：按緊蓋，把杯子一下倒轉過來。把手拿開，塑膠蓋卻貼在杯子
上，擋住了杯中的水流出。（動腦筋仔細想一想，為什麼）

遊戲現象

水神奇地「飄在空中」。

科學揭秘

在一個十公分高的杯子裡，水對塑膠蓋每平方公分產生的重量為10
克（因為一立方公分的水重一克）。而蓋子外面的空氣對每平方公分的
壓力卻達1000克。它比水的重量大許多倍，因而死死頂住了塑膠蓋，
既不讓空氣進入，也不會讓水溢出。

9、乾燥的水

　　一般情況下水會浸濕其他物體，但在一定條件下也會有「乾燥的水」。當你把手伸進水裡再拿出來時，你會發現手卻是乾的！這是為什麼呢？

遊戲道具

　　一小瓶胡椒粉，兩個玻璃杯，水，一根研磨棒。

遊戲步驟

第一步：把一個玻璃杯裝滿水。

第二步：在另一個玻璃杯中放入一些胡椒粉，然後用研磨棒慢慢研磨，要研磨得非常細。

第三步：等杯內的水面平衡後，小心地撒上磨得很細的胡椒粉，直到胡椒粉蓋住整個水面，這時不要再移動杯子，以免使胡椒粉沉下去。

遊戲現象

　　慢慢地將手指伸進水裡，然後迅速拿出，你會發現手完全沒有被水浸濕，是乾燥的。

科學揭秘

　　伸進水裡的手指，只有擊破水面的膜，才會被浸濕，而胡椒粉強化了這層膜，使水分子聚合在一起。實驗中杯裡的水像一個氣球，受到外力擠壓它就會收縮。只有外力足夠大擊破水膜時，手指才會變濕。

10、水倒流

你一定聽說過「水往低處流」這句話吧！但下面這個實驗會告訴你，有時水也會向高處走。

遊戲道具

兩張紙巾，飲水杯，水，碗。

遊戲步驟

第一步：把紙巾緊緊捲在一起形成繩索，從中間把繩索折彎。

第二步：將折好的紙繩一端放在杯子裡，另一端靠在碗邊，仔細觀察實驗現象。

遊戲現象

碗中的水慢慢減少。

科學揭秘

碗裡的水透過紙繩滲透到杯子裡，如果杯子的位置相對於碗來說足夠高的話，碗中的水將會被吸乾。這是因為紙巾的纖維之間，有數萬甚至數百萬個小空隙。水會流進這些小空隙，沿著扭曲的紙巾前進，這種移動叫作毛細作用。水會從植物的根部移動到其他部位，也是這個道理。

遊戲提醒

為了防止漏水，最好在廚房的水槽裡進行這個實驗。

11、可怕的「流沙河」

　　《西遊記》裡號稱「鵝毛飄不起，蘆花定底沉」的流沙河很嚇人吧？可是那是神話小說，假的！不過，如果跟著我做，你也能製造出「流沙河」來。

遊戲道具

　　一小張蠟紙，一顆銅鈕釦，一大碗水，清潔劑。

遊戲步驟

第一步：把蠟紙平放在水面上，在蠟紙上放鈕釦。

第二步：不斷地往水裡滴入清潔劑。

遊戲現象

蠟紙和鈕釦慢慢沉入水底。

科學揭秘

蠟紙就像鵝和鴨子體表油乎乎的羽毛一樣,表面也含有油,是防水的,同時因為油的密度比水小,所以蠟紙能夠托起鈕釦漂浮在水面上。而清潔劑會分解油脂,使水附著在蠟紙上,進而使蠟紙的重量增加,蠟紙和鈕釦自然就會慢慢沉下去了。

12、瓶中的雲

空氣中含有水蒸氣，那麼你知道水蒸氣是怎麼生成雲的嗎？

遊戲道具

一個裝汽水的空塑膠瓶，一張黑紙。

遊戲步驟

第一步：將水灌滿空塑膠瓶，然後再將水全部倒出。

第二步：蓋上瓶蓋，用手使勁擠壓塑膠瓶瓶體。

第三步：將塑膠瓶放在桌上，背後襯一張黑紙。

第四步：旋開瓶蓋，稍稍擠壓瓶子的上部，動作要輕，仔細觀察現象。

遊戲現象

當擠壓開著蓋子的空瓶時，你會看到從瓶口升起一小股雲霧！

科學揭秘

在使勁擠壓蓋著蓋子的空瓶時，瓶中的空氣受到壓縮，這就像在加熱，使瓶中殘存的水分變成了看不見的水蒸氣。而旋開蓋子，等於給瓶中的空氣減壓，使它們冷卻，那些已經變成氣態的水分又重新返回液態，於是我們就看到了瓶口上方的雲霧。大氣中的雲也是按這個原理生成的。當地表氣團上升時，升得越高，受到的大氣壓力就越小，因為越高的地方空氣越稀薄。於是，氣團就不斷「減壓」，同時逐漸冷卻。如果這是個濕氣團，它所含有的水蒸氣就會不斷地變成水滴而匯聚成雲！

13、和水有關的天氣現象

做飯的鍋蓋上，為什麼佈滿細密的小水滴呢？

遊戲道具

鍋蓋一個，鋁鍋一口。

遊戲步驟

第一步：鋁鍋內添加水，蓋上鍋蓋在火上加熱至水沸。

第二步：持續一段時間後，觀察鍋蓋。

遊戲現象

你會發現鍋蓋上佈滿了細密的小水滴。其實這個小遊戲不必單獨做，在媽媽做飯的時候，平時多注意觀察就行了。

科學揭秘

鋁鍋內是水遇熱升溫，沸騰後生成水蒸氣，和鍋蓋接觸。鍋蓋的溫度和水蒸氣的溫度相比較低，水蒸氣遇到冷的鍋蓋，釋放出熱量，又轉化成了液態的水，這個過程稱之為液化。這也就是鍋蓋上佈滿小水滴的原因。

15、永不沸騰的水

　　無論怎樣加熱，這杯水卻怎麼也燒不開，這裡面有什麼科學秘密呢？

遊戲道具

　　大小燒杯各一個，酒精燈一盞，溫度計一個。

遊戲步驟

第一步：將盛滿水的小燒杯放入盛水的大燒杯裡面去。

第二步：用酒精燈給大燒杯加熱，觀察現象。

遊戲現象

　　不一會兒大燒杯裡面的水燒開了，但無論加熱多長時間，小燒杯裡面的水卻不沸騰。用溫度計測量，兩個燒杯內的水溫相同。

科學揭秘

　　在物理學上，水被燒沸稱之為液體汽化。所謂汽化，也就是物質由液態變為氣態的過程。液體汽化要吸收熱量。大燒杯直接接觸火源，可以源源不斷地得到熱量，不斷地沸騰；而小燒杯只能從大燒杯沸騰的水中得到熱量，小燒杯內的水溫，隨著大燒杯內的水溫一起升高。當大小燒杯內的水溫達到100℃時，大燒杯內的水沸騰汽化，水溫不再升高了。這樣，大小燒杯之間也就不能再進行熱量交換了，小燒杯無法再從大燒杯那裡吸取熱量，也就無法進入汽化狀態。

14、調皮的軟木塞

　　一個軟木塞，一會兒喜歡待在水杯中間，一會兒喜歡待在水杯旁邊，你知道這裡面蘊含著怎樣的科學原理嗎？

遊戲道具

　　玻璃杯一個，軟木塞一個。

遊戲步驟

第一步：將水杯中裝滿水，使水高於杯口。將一個軟木塞輕輕放在水平面上，觀察現象。

第二步：將杯中的水倒掉一些，使液面低於杯口，將軟木塞輕放在水面上，觀察現象。

遊戲現象

　　在第一步中，軟木塞總會跑到杯口邊上，任你一次次將它放到水中間，它總會一次次游走；第二步中，軟木塞很不情願待在杯口邊上，這次它十分願意佔據杯口中間的位置，儘管你一次次將它放到杯口旁邊，它還是會跑到杯口中央。

科學揭秘

我們知道，水分子之間具有內聚力，這種表現在水表面的內聚力叫做表面張力。它好比一層看不見的膜。液體的表面張力最弱的地方通常是在液體最低處，裝滿水的杯子，水的最低處就是杯口，這裡的表面張力最弱，軟木塞最容易在這裡破壞水的表面張力。這就是軟木塞在中間待不住的原因。知道了這個道理，也就不難解釋為什麼在第二步中，軟木塞願意待在杯口中央了。軟木塞不會在杯子邊上停留是因為有兩個力跟它作對：一個是表面張力，我們在上一則遊戲中已經談過了；另一個是水和玻璃杯之間的吸引力，水把玻璃杯浸潤了，靠杯口的水面被吸附得高起來一些（這種現象叫做毛細現象）。我們知道，表面張力最弱的地方最容易遭到破壞，現在水面最低處是在中心位置，難怪軟木塞要在水中心待著。

16、沒有味道的冰淇淋

　　用了很多牛奶和糖，冰淇淋的表面，卻沒有一點味道，這是為什麼呢？

遊戲道具

　　白糖和牛奶各適量，不銹鋼大碗一個。

遊戲步驟

第一步：將白糖和牛奶倒入大碗中，調和均勻。

第二步：放入冰箱內冰凍一兩個小時，使其充分冰凍，然後拿出來，品嚐一下。

遊戲現象

和意想之中大不相同的是，擺在你面前的並不是一碗蓬鬆可口的冰淇淋，下面的牛奶還沒凍好，大碗的表面是白生生的冰渣，沒有一點味道。

科學揭秘

為什麼下面的牛奶沒有冰凍？為什麼上面的冰碴沒有味道呢？原來，水在結冰的時候，有一個重要的特性：排除異己。水分子將糖和牛奶都排除了，所以牛奶沉澱在下面。為什麼市面上的冰淇淋牛奶和糖分混淆冰凍在一起了呢？這是因為冰淇淋在生產過程中，是需要不停攪拌的。

海水在結冰的時候，水分子也會將鹽分排擠掉，鹽分會向溫度較高的地方移動。海水的溫度高於冰塊的溫度，所以被水分子排擠出來的鹽分，都移入了大海。鹽分在水分子的排擠、地心引力的雙重作用下，向下移動。所以，一般海平面上的冰，都是淡的，和腥鹹的海水大不相同。當然，這種口味極淡的海水冰，也不是短時間內形成的，需要長年累月，才能將裡面的鹽分排除乾淨。

17、會跳舞的水滴

在寒冷的冬天圍爐團坐，是一件十分愜意的享受。爐子上的水壺燒開了，沸騰的水滴跌落在火紅炙熱的鐵板上，水滴沒有被蒸發，反倒跳起了舞蹈，真奇怪！

遊戲道具

鐵盤子一個，水壺一個。

遊戲步驟

將鐵盤燒到不同的溫度，每次灑上同樣溫度的水，觀察現象。

遊戲現象

你會看見水滴在溫熱的鐵盤上迅速蒸發乾了；當鐵盤的溫度很高時，水滴非但沒有蒸發，反倒跳起了舞蹈，最長時間竟然持續了三、四分鐘。

科學揭秘

這個現象一度讓科學家們感到費解：溫度較低的鐵盤上的水滴，為什麼反倒要比溫度高的鐵盤上的水滴早蒸發呢？

科學家們為了揭開這種現象，用高速攝影機拍攝了水滴舞蹈時的場景，然後逐一進行分析，終於揭開了裡面的秘密：原來，當水滴碰著灼熱的鐵板的時候，水滴和鐵板相挨著的部分立刻汽化，在鐵板和水滴之間，形成了一個保護層——蒸汽層，蒸汽層使水滴和鐵板隔開，將鐵板

的熱量傳到水滴上。鐵板的熱量經過了蒸汽層傳給水滴，熱傳輸的速度變慢。在這個時段內，水滴可以盡情地在灼熱的鐵板上彈跳、舞蹈。而溫熱鐵板上的水滴，沒有蒸汽層的保護，很快蒸發了。

18、給流水打個結

流水也能夠打成結，科學遊戲真奇妙！

遊戲道具

一個1000克容量的鐵桶，尖鐵錐。

遊戲步驟

第一步：取一個1000克容量的鐵桶，用鐵錐在靠近底部並排鑽五個2 mm 直徑的小孔。

第二步：把鐵桶放置在水龍頭下方，打開水龍頭，讓水從五個孔中流出。

第三步：用手指在五個孔上滑過，觀察現象。

遊戲現象

五股水流會合併起來，就好像是扭在一起。

科學揭秘

水分子是相互吸引的，並因此在內部產生一種使液體表面縮小的張力。這也是水滴形成的力量。我們在這個試驗中，可以清楚地看到這種力量：它使水流導向側旁，然後統合起來。

19、自動灌溉系統

每天都要澆花實在是很麻煩,下面這個小實驗可以幫助你設計一個智慧灌溉系統。

遊戲道具

葡萄酒瓶,花盆,水。

遊戲步驟

把葡萄酒瓶灌滿清水,用手捂住瓶口,然後猛然翻過來,口朝下插在花盆中。用這個方法,瓶中的水可以灌溉植物好幾天。

科學揭秘

瓶中的水流入土中,待周圍的土壤潮濕以後形成密封狀態,空氣無法注入瓶中,瓶中的水即不再外流。天氣暖和的時候,你可以觀察到,瓶中升起的氣泡,要比天冷的時候多,因為熱天植物需要更多的水。

CH_2Cl

H_3C

Cl

H_3C

CH_3

Cl

H_3C

CH_3

H_3C　CH_3

Cl

Cl

H_3C

CH_3

Cl

② ClH_2C—◯—CH_2Cl

)

OOC—◯—COOH + 2 $CH_3CH_2CH_2$

濃硫酸

E=MC2

D2t=const　D= f

E=[I(強度)cosθ]/r2

第四節

妙趣無窮的光

丨、變色水

我們一起來玩一個叫「變色水」的小遊戲，這裡既沒有魔術技巧，也沒有神奇的幻術，而是奇妙的光學現象。

遊戲道具

一點紅墨水或者紅藥水，無色透明、沒有花紋圖案的玻璃杯一個，檯燈一盞，清水少許。

遊戲步驟

第一步：往玻璃杯裡面注入半杯清水。

第二步：杯子中滴入幾滴紅墨水或者紅藥水。

第三步：打開檯燈，拿玻璃杯對著檯燈觀察，看水裡面的顏色。

第四步：離開檯燈再看，玻璃杯裡面的水，變成了怎樣的顏色？

遊戲現象

對著燈光，玻璃杯裡面的水是粉紅色的；離開了燈光，玻璃杯裡面的水變成了綠色。

科學揭秘

在做這個遊戲之前，大家一定會認為，往水杯裡面滴入紅墨水，水的顏色一定是紅色或者粉紅色的。沒想到這個玻璃杯出現了「魔幻反應」，竟然生成了綠色，你說奇怪不奇怪！

說怪也不怪，因為這裡面有光的科學原理。第一次，我們手拿玻璃杯對著燈光觀察的時候，看到的是透射光，所以看到水的顏色是粉紅色的；當我們離開燈光，光線是從杯中反射出來的光，所以看到的顏色是綠色的。這涉及到兩個概念，投射光和反射光。有興趣的朋友，可以深入瞭解這兩個概念的含義。

遊戲提醒

做這個遊戲時，有紅藥水最好用紅藥水，容易成功，效果較好。用紅墨水時，得事先試一試，不同牌子的墨水，效果不一樣，有的甚至做不成這個遊戲。

2、晝夜分明的地球儀

假如世界沒有光，我們的生活將會變得怎樣？感謝愛迪生發明了電燈，能夠讓我們生活在夜晚的光亮中。下面這個遊戲，讓你認知到光是怎麼傳播的。

遊戲道具

地球儀一個（也可以用大小適中的圓球代替），手電筒一隻。

遊戲步驟

第一步：選擇一個房間，關上電源就能使屋子裡面變得黑暗。

第二步：打開手電筒，對準地球儀直射。

第三步：轉動地球儀，觀察現象。

遊戲現象

無論怎樣轉動地球儀，被手電筒照射的半邊總是明亮的，而另一半總是黑暗的。

科學揭秘

　　這說明光是按照直線的途徑傳播的，它不能彎曲，也不能自動繞過障礙物，照亮和它不處於一條直線上的物品。因為光的這種特性，我們才生活在晝夜平分的生活裡——太陽總會照亮地球對著它的那一半，而另一半則處於黑夜中。

3、黑鏡子，亮白紙

在一間漆黑的屋子裡，打開一隻手電照射前面的一張白紙和一面鏡子，你會感覺哪個更亮呢？或許在這個遊戲開始之前你會信心百倍地說：鏡子比白紙更亮！實踐是檢驗真理的唯一標準，我們先進行遊戲再下結論吧！

遊戲道具

一間屋子，一面鏡子，一張白紙，一個夾子，一隻手電筒。

遊戲步驟

第一步：將白紙固定在夾子上，將鏡子和白紙放在前方。

第二步：關掉屋子裡面的燈，使之變成黑暗。

第三步：對著鏡子和白紙打開手電筒，觀察現象。

遊戲現象

如果角度正好合適，你會發現手電筒光籠罩下的鏡子是黑色的，紙則很亮。如果鏡子看上去也是閃亮的，就把鏡子左右調整一下角度鏡子也就變成黑色不亮的了。

科學揭秘

為什麼在同等條件下，白紙要比鏡子亮呢？這是因為鏡子的表面十分光滑平整，它對光的反射是十分規則整齊的。一束光遇到鏡子後，由於反射光會改變前進方向，但光在新方向上的運動，是十分整齊的。如

果你的眼睛和鏡子折射的光不處在同個方向上，你就無法看到鏡子反射的光，所以鏡面看上去是黑色的。當鏡子轉換角度，反射的光進入你的眼睛後，你才能看到鏡子中耀眼奪目的光芒。

而白紙對光的反射就不同了。白紙的表面是凸凹不平的，光束照射到白紙上後，會向四面八方不同方向反射，這在物理學上稱之為「漫反射」。漫反射使得更多光線進入我們的眼睛，借助漫反射，我們在任何方向都能夠清晰地看到被照亮物體，觀察到它們的顏色和細節，並且將它們和周圍的其他物體區分開來。所以，手電筒光照射過去，白紙在任何角度，看上去都是明亮的。

4、水裡面的硬幣

　　為什麼我們可以透過透明的玻璃看到對面的東西，而無法透過紙張、鐵片等看到對面的東西呢？這涉及到物體的透光性原理。

遊戲道具

　　一枚硬幣，一個透明的玻璃杯，清水適量，黑墨水適量。

清水

透明的玻璃杯

硬幣

遊戲步驟

第一步：將硬幣放到玻璃杯裡面，倒上清水，我們可以看到玻璃杯底的硬幣。

第二步：將黑墨水滴到玻璃杯子裡，玻璃杯的水被染黑，觀察現象。

遊戲現象

如果玻璃杯內的清水被稍微染黑，我們還可以看到水底的硬幣，但是變得模糊了；如果倒入的黑墨水比較多，我們將無法看到玻璃杯裡面的硬幣。

科學揭秘

這說明有的物體具有透光性，比如玻璃和清水；有的物體不具備透光性，比如白紙和鐵片。只有不具備透光性的物品，才能遮擋光線的傳播，形成陰影。

有過海上航行經驗的人都知道，我們可以透過較淺的海水，看到魚蝦、礁石和水草，隨著船隻向海洋深處划動，我們將無法看到海裡面的景象了。這說明即便是具有透光性的同一物品，深度和厚薄也會影響物體的透光效果。大家都知道玻璃是透明的，但是厚度達幾公尺的玻璃，就無法透光了。

除了透明物體和不透明物體之外，還有一種介於兩者之間的東西——半透明物體。這種物體只能讓一定數量的光線通過，留下模糊的輪廓。

5、水管裡面流動的光

　　大家都知道，光線是透過直線傳播的。可是你見過在彎曲的水管裡面流動著的光線嗎？

遊戲道具

　　手電筒一隻，透明的軟塑膠瓶一個，透明的薄軟塑膠管一根，黑顏色的厚布一塊，剪刀一把，膠帶適量，打火機一個，蠟燭一根，臉盆一個。

遊戲步驟

第一步：塑膠瓶裡面裝滿清水，蓋上蓋子。

第二步：在塑膠瓶的蓋子上鑽一個小孔；插進塑膠管。用打火機點燃蠟燭，將融化的蠟油滴入塑膠管和瓶蓋之間的縫隙，使之密封、固定。

第三步：手電筒的鏡頭部分和塑膠瓶的底部連接，用膠帶固定，然後再用黑厚布將塑膠瓶和手電筒鏡頭部分包裹嚴實。

第四步：找一間黑暗的屋子，打開手電筒，讓瓶子裡面的水透過管子流入臉盆，觀察現象。

遊戲現象

　　你會發現水管裡面有發光的水流進了臉盆裡。

科學揭秘

手電筒打開後，光線透過塑膠瓶內的清水，傳播到了管子裡，光線順著管子「流了出來」。

在上面的遊戲中我們知道，光線是透過直線來傳播的，為什麼能穿過彎曲了的軟管呢？光線是無法彎曲的，但可以不斷被水管壁反射，以z字形的路線向前傳播，這種現象稱之為「全內反射」。

光之所以能通過彎曲的管道，是因為管道將這些光分解成好多部分，然後透過短距離的直線傳播──最終保持直線向前的傳播形式。

6、水底下的硬幣

　　大家都知道水是透明的，玻璃也是透明的。透過透明的玻璃和透明的水，你未必能看到你想看到的東西。

遊戲道具

　　一個乾淨透明的玻璃，一枚硬幣，一個碟子。

遊戲道具

遊戲步驟

第一步：在玻璃杯裡面裝滿清水。

第二步：硬幣壓在玻璃杯下面，玻璃杯上面蓋上碟子。

第三步：試著觀察杯子下面的硬幣，你能看得到嗎？

遊戲現象

　　無論從哪個方位，你都無法看到杯子下面的硬幣。

科學揭秘

　　去掉碟子，我們可以清晰地看到水杯下面的硬幣，碟子將硬幣擋住了。光線從一個透明的物體，進入另一個透明物體的時候，會發生折射現象。例如我們平時看盛滿水的游泳池底，要比實際的淺，這是因為折射導致視覺產生了錯誤。水杯上方放置碟子，硬幣的圖像因為折射上移，被反射到了碟子底部，所以無法看到杯子下面的硬幣。

　　光從一種介質斜射入另一種介質時，傳播方向通常會發生變化，這種現象叫光的折射。舉一個例子而言，在一個玻璃杯裡面裝滿水，插入一根吸管，看起來好像從入水的地方折斷了，這是折射現象造成的錯覺——當光從空氣中進入水中，形成了折射現象。

　　游泳池的水，為什麼看起來比實際水位要淺？手指浸入臉盆，為什麼看起來胖了很多？所有這些現象，都是折射現象下的視覺錯誤。水總比我們看到的要深，所以漁夫們用魚叉捕魚的時候，他們不是瞄準所看到的魚的位置，而是瞄準水下稍深的位置來投擲魚叉。

　　我們平時所說的海市蜃樓，是和光線的折射有關係的——儘管有一些不同的聲音，但目前科學界的主流觀點認為，海市蜃樓是光線的折射性。

7、光的顏色

　　我們平時所看到的光，是什麼顏色呢？別急著回答，看看下面這個小遊戲。

遊戲道具

　　手動小陀螺一個，彩色筆一盒，直尺一把，小刀一把。

遊戲步驟

第一步：用直尺和小刀在小陀螺的表面上，劃分七個面積等同的扇形區域。

第二步：每個區域分別用彩色筆塗上七種顏色：紅色、橙色、黃色、綠色、青色、藍色和紫色。

第三步：快速轉動陀螺，觀察現象。

遊戲現象

　　你會發現塗滿七種顏色的陀螺表面，成了一種顏色——白色。

科學揭秘

　　將一個三稜鏡放在陽光下，透過三稜鏡，光在牆上被分解為不同顏色，我們稱為光譜。牛頓的結論是：正是這些紅、橙、黃、綠、青、藍、紫基礎色有不同的色譜才形成了表面上顏色單一的白色光。

　　上面的這個小遊戲也充分說明，不同顏色在高速旋轉的時候，形成了一種單一的顏色——白色。

8、近距離觀察照相機暗箱

沒有蓋的舊鐵盒

半透明的蠟紙

橡皮筋

底部中心打一個小洞

你知道照相機的暗箱裡面是怎樣一個天地嗎？下面這個遊戲，給你介紹了照相機暗箱替代品的製造方法，可以讓你近距離觀察照相機暗箱裡面的「神秘天地」，到時，你一定會感到既新鮮又有趣。

遊戲道具

沒有蓋的舊鐵盒（如空罐頭）一個，半透明的蠟紙或油紙一張，細線（或橡皮筋）一根，大一些的黑布（或毛毯）一塊。

遊戲步驟

第一步：在鐵盒的底部中心打一個小洞，將蠟紙或者油紙蒙在鐵盒口

上，用細線或者橡皮筋固定好。

第二步：將鐵盒放在窗台上。所選擇的這個窗台，要清楚地看到被陽光
　　　　照射的樹木或其他美景。

第三步：用大黑布將你的頭和鐵盒蓋住，注意別把鐵盒的小孔蓋住。

第四步：眼睛距離蠟紙大約三十公分，你會看到什麼呢？

遊戲現象

你會看到一幅天然色彩的美景。這個美景要比實物景觀小很多，而
且還是倒著的！

科學揭秘

照相機的暗箱，是利用物理學中小孔成像的原理。暗箱中的景物，
倒映在照相機的底片上。只不過照相機的小孔上面，裝著一塊小透鏡，
所以拍到的畫面明亮而且清晰。

用一個帶有小孔的板遮擋在螢幕與物之間，螢幕上就會形成物的倒
像，我們把這樣的現象叫小孔成像。前後移動中間的板，像的大小也會
隨之發生變化。這種現象反映了光線直線傳播的性質。

E=MC2

$$V=\varepsilon-I\times r$$
$$V=\varepsilon+I\times r$$

第五節

電磁的搞怪把戲

Ⅰ、體會被電的感覺

　　電在我們的生活中用處很大，但是電也很危險。凡是帶電的東西，小朋友們千萬不要隨便觸摸。不過下面的科學遊戲能讓你體驗到看不見的電的存在，既不危險又很好玩，趕快來試試吧！

遊戲道具

　　一個檸檬，小盤子，9條2.5×5公分的紙巾，5枚5元硬幣，5枚1元硬幣。

遊戲步驟

第一步：把檸檬汁擠到小盤子中。

第二步：將紙巾條浸泡在檸檬汁裡。

第三步：把硬幣疊起，5元和1元的硬幣交互疊放，中間用浸泡過檸檬汁的紙巾分隔開。

第四步：雙手各伸出一根手指，用水弄濕，將這疊錢幣夾在手指中間。

遊戲現象

　　實驗中你會感到小震動或體會到癢癢的感覺。

科學揭秘

　　其實這個方法製作的是一個土電池，是我們日常用的電池的前身。因為檸檬汁是一種酸液，它會傳導兩種不同金屬做成的硬幣所產生的電。

2、巧妙分辨食鹽和胡椒粉

胡椒粉和鹽不小心裝錯了瓶子，假如你對胡椒粉過敏，無法進行品嚐分辨，該怎樣區分開呢？下面這個科學小遊戲，會告訴你方法。

遊戲道具

每人一把塑膠湯勺；每人一勺鹽、半勺胡椒粉。

遊戲規則

第一步：裁判一人；參加遊戲者兩人以上。

第二步：拿到材料之後，裁判發出指令，宣佈比賽開始。

第三步：誰最先將胡椒粉和鹽分開，誰就得第一。

第四步：用口品嚐和用眼睛來分辨，都有悖科學精神，「嚴厲」禁止。

最優玩法

遊戲者在聽到口令之後，將塑膠湯勺在毛衣或者其他毛料布上摩擦一會兒，然後用湯勺逐漸靠近相鄰的鹽和胡椒粉。

遊戲現象

胡椒粉就會跳起來，被吸附在塑膠湯勺上。

科學揭秘

　　優勝者的最優玩法，涉及到物理中的靜電常識。塑膠湯勺在衣服上
摩擦，會產生電荷，有了吸引力。胡椒粉的重量要比鹽輕，所以帶有靜
電的湯勺，將胡椒粉吸了上來。如果湯勺放的太低，那麼鹽分也有可能
被吸附上來。

3、電路是怎麼一回事？

電是怎樣透過電線來進行照明的呢？

遊戲道具

4.5伏特的電池一個，長約二十公分的電線兩條，小燈泡一個，打火機一個

遊戲步驟

第一步：用打火機將電線兩頭的塑膠皮燙軟，然後擼掉。

第二步：兩條電線各一端，分別接到電池的接觸點上。

第三步：兩條電線的另外一端，一截和小燈泡螺旋燈口底端的電觸點相接觸，另一截接觸到螺旋燈口的側面，觀察現象。

遊戲現象

小燈泡亮了起來。

科學揭秘

電池通過內部化學的氧化還原反應，在正極負極間產生電位差，然後透過電線連接燈泡形成一個封閉的迴路，這個路徑就是電路。

電位是指電荷在靜電場中所感受到的能量大小，類似水位高低所形成的水壓。電荷喜歡由電位高的負極跑到電位低的正極。

電池能夠在電路兩邊，保持一定的電位差，所以產生電流，小燈泡可以被點亮。

4、人造閃電

雷雨之夜，轉瞬即逝的閃電讓人心驚膽顫。如果你想近距離觀察閃電，不妨按照下面這個科學小遊戲，來一個自造閃電。

遊戲道具

一個大平底鐵盤，一塊塑膠布，橡皮擦一大塊，硬幣一枚。

遊戲步驟

第一步：將橡皮擦黏在鐵盤子中央（黏貼的要足夠牢固，能將鐵盤子帶起來）。

第二步：將塑膠布平鋪在桌子上，手握住橡皮擦，在塑膠布上蹭圈子，
用時大約一分鐘。

第三步：關掉房間內的燈，讓房間處於黑暗之中。抓住橡皮擦，注意手
指不要碰到鐵盤子，用硬幣和鐵盤子相接觸，觀察現象。

遊戲現象

你會發現，當硬幣和鐵盤子接觸的時候，會發出微弱的火花。

科學揭秘

我們先明白兩個概念──正電和負電。我們知道，電是一種自然現
象，分為正電和負電。被絲綢摩擦過的玻璃棒帶正電荷，被毛皮摩擦過
的橡膠棒帶負電荷。

鐵盤子在塑膠布上反覆摩擦，帶上了負電。當硬幣和鐵盤子相接觸
時，多出的電荷，開始了放電，透過空氣迅速傳到硬幣上。電在空氣中
傳播，表現為火花，其實就是微型的閃電。

5、雲層的秘密

閃電是大氣雲團中發生放電時伴隨產生的強烈閃光現象。閃電可能出現在各種位置：雲層與大地之間、雲層與雲層之間，甚至雲層內部。你想不想自己做個小型閃電來玩呢？

遊戲道具

廚房用隔熱手套，氣球，釘子（長約五公分）。

遊戲步驟

第一步：戴上廚房用隔熱手套，吹起氣球。

第二步：一隻手拿氣球，另一隻手拿釘子。

第三步：將氣球在你的衣服或頭髮上摩擦半分鐘，慢慢地將釘子接近氣球。

遊戲現象

當釘子的尖頭接近氣球時，你會聽到輕微的「劈啪」聲；運氣好的話，還能看到細微的閃光。

科學揭秘

在摩擦氣球時，氣球獲得電荷。當釘子的尖頭接近氣球時，氣球所帶的電荷會向釘子方向集中。而當電荷聚集的數量多到一定程度時，氣球就會向釘子尖頭一端釋放電荷。這個釋放電荷的過程也是加熱空氣的過程，所以空氣會發生小型爆炸，進而產生「劈啪」聲。假如室內相當乾燥，而釋放的電荷又足夠強烈，我們就能看到閃光了。

遊戲提醒

為了達到最佳的效果，最好到一個較暗的房間裡做上面的實驗科學遊戲。

6、電磁小遊戲

　　早在1820年，丹麥科學家奧斯特就發現了電流的磁效應，第一次揭示了磁與電存在聯繫，進而把電學和磁學聯繫起來。在下面的這個小遊戲中，我們可以清楚地看到磁電之間的關係。

遊戲道具

　　電池兩三個，導線一公尺左右，鐵釘一枚，大頭針數枚，小指針一塊，塑膠導線適量。

遊戲步驟

第一步：大頭針上纏繞塑膠導線，塑膠導線在纏繞的時候要細密，多纏幾匝。

第二步：將塑膠導線的
　　　　兩頭分別接在電
　　　　池的兩極上，用
　　　　大鐵釘靠近大頭
　　　　針，觀察現象。

第三步：將導線拉直，下
　　　　方平行放置小指
　　　　針。將導線兩頭
　　　　接在電池的兩極上，觀察現象。

遊戲現象

　　在第二步中，大鐵釘莫名其妙地有了磁力，將大頭針吸了起來；當斷電後，鐵釘的磁力消失了；第三步，接通電源後小指針發生了偏轉，斷電後小指針恢復了正常。

科學揭秘

　　這充分說明了電能產生磁力，通電導線的周圍，存在著磁場。

7、受熱的磁鐵

磁鐵的磁力是永恆的嗎？加熱磁鐵遊戲，可以給你明確的答案。

遊戲道具

磁鐵一塊，火爐子一個（或者酒精燈），長柄鐵夾子一個，大頭針數枚。

遊戲步驟

第一步：先將大頭針散落在桌子上，用磁鐵靠近大頭針，體驗磁鐵的磁性。然後將磁鐵用鐵夾子夾住，放在火爐子或酒精燈上加熱。

第二步：加熱到一定溫度後，冷卻，然後靠近擺放在桌子上的大頭針，觀察現象。

遊戲現象

高溫受熱後的磁鐵，磁力明顯減弱。如果持續長時間加溫，磁鐵的磁力會消失。

科學揭秘

磁體按照磁性的來源，分為兩種，一種是硬磁材料（也叫永磁材料、恒磁材料或硬磁材料），指磁化後不易退磁而能長期保留磁性的一種材料。我們日常生活中常見的磁鐵，比如收音機的音箱中的磁鐵，都是硬磁材料製成的；一種是軟磁材料，磁性比較容易自然消失。

硬磁材料的磁性，是在充磁機裡「充」出來的，充磁的原理是：將

硬磁材料放入特製的線圈中,然後讓強大的電流經過線圈,產生了強大的磁場。這種瞬間出現的強大磁場,能令硬磁材料中的內部磁分子排列正氣,也就是被磁化了。

　　硬磁材料儘管不容易消失,但在特殊情況下,磁力會減弱或者消失。永磁鐵的分子排列已經十分有規律了,分子排列得越整齊,其磁力越強。在高溫環境下,磁鐵內分子劇烈運動,會由原來的正氣狀態,變得凌亂不堪,因此,磁鐵的磁力減弱,甚至消失。

8、磁鐵的磁力

磁鐵的磁力，到底會對哪些物質發生作用呢？

遊戲道具

鐵釘，木筷，紙條，銅塊（如果可以的話，找一些純金和純銀製品），小石子，玻璃，磁鐵一塊。

遊戲步驟

第一步：將上述材料分類，放置在桌子上。

第二步：用磁鐵分別靠近上述物品，觀察現象。

遊戲現象

磁鐵除了能將鐵釘吸起來之外，對其他物品都無法產生磁力，無法將它們吸起來。

科學揭秘

這是因為磁鐵只能吸引鐵、鈷、鎳等金屬物質，對於非金屬物質，比如玻璃、塑膠、木筷、石頭等，都沒有吸引力。磁鐵並非對所有的金屬物質都具有吸引力，經過上述遊戲可以看出，磁鐵對於金、銀和銅，也是沒有吸引力的。

9、鐵釘為什麼有磁性了？

一根普通的鐵釘，用什麼最簡單的方法能使之具有磁性呢？

遊戲道具

鐵釘一枚，磁鐵一塊，細鐵屑少許。

遊戲步驟

第一步：將細鐵屑灑在白紙上。

第二步：鐵釘在磁鐵上摩擦幾下，然後靠近細鐵屑，觀察現象。

遊戲現象

鐵釘具備了磁性，細鐵屑被吸了起來。

科學揭秘

這是因為磁鐵具有順磁性。磁鐵的周圍，是一個「強力」磁場，鐵釘在磁場的作用下，其內部的電子排列順序發生了變化，具有了磁性。

１０、被敲打的鐵棒

用鐵錘敲打一根鐵棒，除了聽到清脆的撞擊聲外，還會產生什麼呢？

遊戲道具

鐵棒一根，鐵錘一把，細碎的鐵屑少許。

遊戲步驟

第一步：將鐵棒拿在手中，呈南北方向和地面水平，鐵錘對著鐵棒敲打幾下，然後靠近灑在紙上的鐵屑，觀察現象。

第二步：將鐵棒調轉方向，呈東西方向，然後再用鐵錘敲打，觀察現象。

遊戲現象

在第一步中你會看到，鐵棒被敲打後具有了磁性，將白紙上的細碎鐵屑吸了起來；在第二步你會看到，鐵棒被敲打後，磁性消失了，吸附在鐵棒上的鐵屑掉了下來。

科學揭秘

我們生活的地球，被從南北極發出的磁力線包圍著。鐵棒在南北方向的時候，受到了震動，鐵棒中的磁粒子發生了位置轉移，在磁力線的作用下指向了北方，所以，鐵棒產生了磁力。鐵棒對準東西方向，受到振動後磁粒子位置再次移動，發生了混亂，所以磁力消失。

鐵棒在這種情況下，產生的磁性是極其微弱的。如果無法用鐵屑測出鐵棒是否具有磁性，我們可以改用指南針。即便是最微弱的磁性，指南針也能對此做出反應。指南針具有南北兩極，而帶磁力的鐵棒，即便磁力極其微弱，也有南北兩極。當帶磁力的鐵棒接近指南針時，鑑於同性相斥、異性相吸的原則，指南針的一端就會被鐵棒吸引，而另一端則會被鐵棒排斥。如果鐵棒沒有磁性，指南針會保持原貌不動。

11、鉛筆為什麼會轉動？

一枝鉛筆，在磁鐵面前為什麼會轉動呢？

遊戲道具

鉛筆一枝，磁鐵一塊。

遊戲步驟

第一步：將鉛筆平衡支在一個可以自由轉動的點上，比如下面橫著放一個圓柱形的物體。

第二步：磁鐵靠近鉛筆尖，觀察現象。

遊戲現象

鉛筆隨著磁鐵轉了起來。

科學揭秘

這是因為鉛筆中的石墨，被磁鐵所吸引的緣故。石墨中的微小磁顆粒，在石墨體內混亂地排列著，磁鐵發出的磁力，使得石墨顆粒發生了有序排列，石墨被磁化，出現了南北兩極，隨後被磁鐵所吸引。

12、水中游走的磁鴨子

你知道什麼是磁鴨子嗎？認真看完下面的科學小遊戲，你就能親手製作了。

遊戲道具

磁鐵一塊，大頭針兩枚，彩紙兩張，剪刀一把，膠帶適量，臉盆一個。

遊戲步驟

第一步：用剪刀將彩紙剪成兩個鴨子的形狀。

第二步：大頭針反覆在磁鐵上摩擦幾次，使之磁化，然後用膠帶紙將大頭針黏貼在鴨子頸部。

第三步：用剩餘的彩紙，在鴨子底部製作一個底座，使鴨子能夠直立。

第四步：臉盆內裝水，將兩個磁鴨子放進水盆，觀察現象。

遊戲現象

磁鴨子在盆子裡面，一開始做著弧形運動，繼而嘴巴和頭部互相黏貼在了一起，轉向了東西方向。最令人忍俊不禁的是，兩隻鴨子嘴對嘴，童趣盎然。

科學揭秘

鴨子在臉盆裡面的運動，來自於各方面力量的作用：兩個磁鐵，相反磁極的吸引、同樣磁極的排斥，還有地磁場的作用。

13、看得見的磁力線

　　磁力線是人們定義的假象線，是沒有具體形狀的。但是，下面這個科學小遊戲，卻能使你清楚地看到磁力線的「形狀」。

遊戲道具

　　白紙一張，磁鐵一塊，鐵挫一把，廢鐵一塊。

遊戲步驟

第一步：用鐵挫將廢鐵反覆挫割，將鐵挫銼下來的細碎鐵屑收集起來；

第二步：白紙下面放置磁鐵，白紙上面灑上細碎鐵屑，輕輕敲打白紙，
　　　　觀察現象。

遊戲現象

在白紙上面，碎鐵屑排列成環形曲線的形狀，這就是磁力線。

科學揭秘

科學研究發現，在地球的磁場中，有無數條和磁感應相切的線，這就是磁力線。鐵屑在磁鐵上面形成的圖形，正是磁力線的假象圖形。

磁力線不但能看得見還能固定得住，具體方法是：取融化了的蠟溶液，將白紙浸入其中，拿出來冷卻。然後按照遊戲中提供的方法，在白紙上灑上細碎鐵屑，細碎鐵屑排列成磁力線後，用燒熱的熨斗接近磁力線，蠟燭溶液在熨斗的熱量下稍微融化，細碎鐵屑就被蠟油黏貼在白紙上了。這樣，磁力線就被固定了下來。

14、磁力的穿透性

　　實驗證明，磁體的磁力具有很強的穿透性，下面這個小遊戲能充分說明這一點。

遊戲道具

　　玻璃杯一個，不銹鋼杯一個，迴紋針數枚，磁鐵一塊。

遊戲步驟

第一步：玻璃杯和不銹鋼杯內裝水，各放入幾個迴紋針。

第二步：磁鐵放在水杯外壁，觀察現象。

遊戲現象

　　兩個杯子裡面的迴紋針，紛紛被杯子外的磁鐵吸了過去。磁鐵沿著杯壁向上走，迴紋針也跟著向上走；磁鐵沿著杯壁向下，磁鐵也向下。

科學揭秘

　　磁鐵隔著玻璃（不銹鋼）和水，同樣能對金屬鐵製品產生磁力，這說明磁力的穿透性是比較強的。但磁鐵在不銹鋼杯壁上的磁力，要小一些，因為磁力被不銹鋼吸收了一些。

　　在這一點上，磁力和電力是有區別的。

　　電流經過的地方所形成的電場，很容易被金屬外殼、鋼筋混凝土等建築物隔斷。比如變壓器等電力設施，外面包著一層金屬殼，所以變壓器的外面，幾乎沒有電場。而磁場卻與之相反，磁場很難隔絕，比如地球的南北極磁場，對地球上任何地方的指南針，都發生作用力。但大小相同、方向相反的電流所產生的磁場，可以互相抵消。

　　反覆的科學實驗證明，磁力可以穿透物質和物體。

15、磁鐵釣魚

上面的遊戲告訴大家，磁力是具有「穿透力」的。下面這個小遊戲，讓你體驗磁力是如何作用於一定距離之外的物品的。

遊戲道具

大頭針一枚，彩紙一張，剪刀一把，磁鐵一塊，細繩三十公分，膠帶少許，臉盆一個，長竹竿一根。

遊戲步驟

第一步：用剪刀將彩紙剪成金魚狀，魚腮用膠帶黏上一枚大頭針。

第二步：竹竿上面繫上細繩，將磁鐵拴在細繩上。

第三步：臉盆內放入水，將小魚放在水裡。

第四步：用竹竿吊著磁鐵，向水平面接近，觀察現象。

遊戲現象

當磁鐵下降到一定高度的時候，水中的金魚一躍而起，被磁鐵吊了上來。

科學揭秘

這個遊戲說明，磁鐵具有隔空傳遞磁力的作用，能對一定距離之外的物體發生吸引力。磁體的這一特性，被廣泛應用於科學研究中。比如在化學實驗室，科學家們需要將一些數量十分微小卻又十分精細的物質混合，但又不能讓它們接觸到任何沒有徹底消過毒的東西。磁鐵幫助科

學家們實現了這一點。在金屬盤下面安裝一塊磁鐵，金屬盤上面放置試管，將那些需要混合的精細物質裝入試管，然後讓磁鐵有規律地轉動，金屬盤也隨之轉動了起來。試管內的物質受到轉動著的磁力的影響，自動混合起來。

16、磁鐵之間的較量

　　不同的磁鐵，磁力的強弱會有區別嗎？帶著這個疑問，請看完下面這個小遊戲。

遊戲道具

　　大小不同的磁鐵三塊，直尺一把，桌子一張，寬度為二十公分、長度為三十公分的白紙一張，鉛筆一枝，三枚一元硬幣。

遊戲步驟

第一步：將白紙放在桌子上，在白紙上畫一條直線，讓三塊磁鐵每塊

相距十公分，就像短跑運動員起跑之前一樣，排列在一條直線上。

第二步：每塊磁鐵前面十公分處，相對應有一枚硬幣。

第三步：用直尺對著磁鐵的方向，平行推進，使硬幣和磁鐵的距離逐步縮短，觀察現象。

遊戲現象

有的硬幣很快被前面的磁鐵吸了過去，有的硬幣只有當距離和對應的磁鐵距離很近的時候，才能被吸過去。

科學揭秘

這說明，磁鐵可以對一定距離之外的物品發生作用；不同的磁鐵，磁力的強弱是不一樣的。磁力越大，越能吸引較遠距離的物品。

17、磁動力下的玩具車

　　世界上第一列磁懸浮列車的試運營線，建成於上海。那麼，什麼叫磁懸浮列車呢？下面這個科學小遊戲，能給你簡單明瞭的解釋。

遊戲道具

　　兩塊磁鐵，膠帶適量，可以自由滑動的玩具車一輛。

遊戲步驟

第一步：將磁鐵用膠帶固定在玩具車上。

第二步：選擇一個光滑平整的地面，放好玩具車。用另一塊磁鐵對著玩具車，觀察現象。

遊戲現象

　　玩具車或者被吸引過來，或者有一種無形的力，將玩具車向前推去。

科學揭秘

　　玩具車上的磁鐵，和遊戲者手裡面拿著的磁鐵，同性相斥、異性相吸，作用到玩具車上，產生了機械動能。在這個前提下，我們瞭解一下磁懸浮列車的一些基礎知識。

　　利用磁體「同性相斥、異性相吸」的原理，磁懸浮列車具有了抗拒地心引力的能力。列車在靠近鐵軌的磁鐵的作用下，完全脫離了軌道，懸浮在距離軌道大約一公分處的空間，騰空奔行。在這種情況下，磁懸浮列車沒有一點摩擦力，所以能達到極高的速度。

18、磁鐵的兩極

　　磁鐵有兩極，這是科學常識。但是，當磁鐵被分割開時，兩極會變成單極嗎？

遊戲道具

　　長鐵釘一根，條形磁鐵一塊，老虎鉗一把。

遊戲步驟

第一步：長鐵釘反覆在磁鐵上摩擦，使之磁化。

第二步：用鐵釘的兩端分別靠近磁鐵的一端，會發現一端被排斥，另一端被吸引。這說明鐵釘形成了磁性的兩極。

第三步：用老虎鉗將鐵釘從中間截斷，取其中的一截，用兩頭分別靠近磁鐵的一端，觀察現象；再用另一截的兩端分別靠近磁鐵，觀察現象；將其中的一截再次截斷，再靠近磁鐵，觀察現象。

遊戲現象

截斷了的鐵釘的兩端，分別被磁鐵排斥和吸引。這說明被截斷的鐵釘，再次具備了磁體的兩極，試探另一截鐵釘，也是如此。將其中的一截再次截斷，再次試驗，也是這種現象。無論截斷多少次，新的一截鐵釘，總有兩個磁極。

科學揭秘

這是因為磁鐵是由很多數不清的小磁鐵組成的，這些小磁鐵被稱為磁性元素，每一個磁性元素都有兩個磁極。所以，儘管將鐵釘截得很小很小，每截鐵釘仍然有兩極。

19、低空飛舞的紙風箏

　　磁力和重力都是兩種力。假如它們之間較量一番，是磁力克服了重力，還是重力贏了磁力呢？

遊戲道具

　　磁鐵一塊，細繩子一根，迴紋針一枚，彩色紙一張，剪刀一把，膠帶少許，鉛筆一枝。

遊戲步驟

第一步：用細繩將磁鐵繫好。

第二步：用鉛筆在彩紙上畫上自己喜歡的圖案，比如小動物等。用剪刀將彩紙剪好，彩紙後面用膠帶黏貼一個長三十公分、寬約五公分的長紙條。一個風箏做成了。

第三步：在風箏的頭部，用膠帶紙黏上迴紋針，將紙風箏放在桌子上。

第四步：用細繩垂吊磁鐵，從空中接近紙風箏，觀察現象。

遊戲現象

　　風箏飛了起來，並且隨著磁鐵移動的方向而移動。

科學揭秘

　　這是因為磁鐵產生的磁力，比紙風箏受到的重力大，所以能將它從桌子上拉起來。在磁力和重力的「較量」中，會根據實際情況，磁力可能大於重力，也可能小於重力，沒有恆定的贏家。

　　磁力能夠克服重力，這在生產活動中具有很高的應用價值。建築物拆毀了，大量的鋼筋等鐵製品和建築垃圾混合在一起。這時候，可以用大型機械吊著巨大的磁鐵，將廢墟中的鋼鐵吸上來，然後進行循環再利用。

$$E=MC2$$

$$P=P_0-h$$
$$P=P_0+h$$

第六節

不可小瞧的空氣

1、自動瘦身的塑膠瓶

減肥難，自動瘦下來更難。但是有一個塑膠瓶卻具有自動減肥的本領。

遊戲道具

塑膠瓶一個，熱水適量。

遊戲步驟

將塑膠瓶內裝滿熱水，稍等片刻之後，倒掉裡面的水，擰緊瓶蓋，觀察現象。

遊戲現象

你會發現塑膠瓶變扁了，就像減了肥似的。

倒掉熱水後的塑料瓶

科學揭秘

這說明，空氣受熱後密度降低，壓力變小。塑膠瓶中的空氣，在裝滿熱水後受熱空氣分子體積膨脹。倒掉熱水蓋緊瓶蓋後，瓶內空氣對內壁的壓力減小，遠遠小於瓶外空氣對瓶子外壁的壓力。瓶子外面的空氣擠壓瓶子，導致瓶子變扁。

2、瓶口上「跳舞」硬幣

　　一枚硬幣在瓶口上「跳舞」，按照下面這個遊戲規則，你會欣賞到這種奇妙的景象。

遊戲道具

　　五元硬幣一枚，小口玻璃瓶一個（汽水瓶、牛奶瓶或者藥水瓶都行，但瓶口要比硬幣稍小）。

遊戲步驟

第一步：將硬幣平放在玻璃瓶口上。

第二步：雙手捂住玻璃瓶，做擠壓狀，觀察現象。

遊戲現象

瓶口的硬幣會上下跳動。

科學揭秘

旁觀者會認為雙手捂瓶子的人將瓶子擠扁了，導致瓶子中的空氣將硬幣頂了上來。其實無論力氣多麼大的人，都無法擠扁瓶子。退一步而言，如果玻璃瓶擠得動，只會擠碎，不會擠扁。

為什麼硬幣會上下跳動呢？這是因為手上的熱量將瓶子中的空氣捂熱了，空氣受熱膨脹，瓶子內部壓強增大，空氣上升，將硬幣頂開，釋放出一部分空氣。當雙手離開瓶子後，硬幣還會上下跳動幾次。

遊戲提醒

要想成功玩這個遊戲，需要注意以下兩點：

① 如果外界氣溫較低，可以先將雙手在熱水裡面浸泡一下，或者雙手反覆對搓，提高雙手的溫度。

② 外界氣溫較高時，可以先將瓶子在冰箱裡面冷凍一下，這樣遊戲的成功率更大了。

3、氣體舉重機

　　如果你對別人說：我吹一口氣，能頂起十公斤重的物品，並且能讓這些物品上升到一定高度。別人一定會認為你在吹牛：你又不是神仙，怎麼會有這種本事呢？你要想讓他們相信，不妨現場演練一番。

遊戲道具

　　結實的塑膠袋（或者牛皮紙袋）一個，袋子的大小能放進去兩本厚書即可；手指粗細的塑膠管一根，塑膠繩三十公分，厚書數本（約十公斤重）。

遊戲步驟

第一步：將塑膠管用塑膠繩紮在帶子口，要捆紮得結實、密封。

第二步：將厚書放在塑膠袋上面，對著塑膠管往袋子裡吹氣，觀察現象。

遊戲現象

吹出的氣進入袋子後，袋子慢慢鼓脹起來，袋子上的書開始向上頂起。

科學揭秘

塑膠袋的尺寸設定在長十公分、寬二十公分。你只要吹出超過一個大氣壓的氣，袋子就會得到一個二十公斤的力。因此，舉起十公斤重的物品，也就輕而易舉了。

遊戲提醒

袋子的吹氣口要小，這樣吹起氣來會很容易；吹氣要慢，要均勻。

4、兩根管子喝汽水

　　你能用兩根吸管喝同一瓶汽水嗎？在炎炎夏日，你可能認為這可是一件十分愜意的事。但是，兩根吸管會讓極度焦渴的你處於暴怒的境地：我怎麼一滴水也喝不到！

遊戲道具

　　兩根吸管，一瓶汽水。

遊戲步驟

　　口中含著兩根吸管，一根插進汽水瓶內，另一根露在瓶子外面，用力吸。

遊戲現象

　　儘管你滿頭大汗，憋得臉紅脖子粗，你依然無法喝到瓶子中的汽水。

科學揭秘

　　我們在用吸管喝飲料的時候，口腔就像一個真空泵。吸氣的時候，口腔內的氣壓降低，外面的氣壓高於口腔內的氣壓，大氣壓迫飲料表面，飲料就沿著吸管，被壓迫到口腔中了。所以，我們就喝到了甜美的飲料。

　　如果口中含著兩根吸管，暴露在瓶子外面的吸管，隨時給口腔補充空氣，口腔無法形成真空泵。這樣，口腔內的氣壓始終和口腔外的氣壓保持一致，飲料也就沒有壓迫，我們也就無法喝到瓶子裡面的汽水了。

　　所以，我們常說的吸水，倒不如說「壓水」，更符合科學常識。

遊戲提醒

　　露在瓶子外面的那根吸管，要保持兩頭暢通，不能塞住任意一頭，否則就算遊戲犯規。

5、無法漏水的「漏洞」

無孔不入的水，卻無法從一個破損的漏洞中漏出來，這是為什麼呢？

遊戲道具

塑膠瓶一個，錐子（或者剪刀）一把，清水適量。

遊戲步驟

第一步：用錐子在塑膠瓶底鑽一個小孔，用手摁住小孔，往瓶子內裝清水（一定要裝滿水，使瓶子中沒有存留空氣），擰緊瓶蓋，不許漏氣。

第二步：手指離開小孔，看水是否從孔裡面流出來。

遊戲現象

水沒從瓶子的漏洞中流出。

科學揭秘

要想讓瓶子中的水從漏洞中流出，瓶子裡面水表面的空氣壓力，必須大於或者等於小孔表面的空氣壓力。

　　實際情況是，瓶子中沒有殘留的空氣，由於瓶蓋的保護，外界空氣無法接觸到瓶子中的水，瓶子中的水不受大氣壓力影響，大氣壓力，大於水柱的壓力，所以瓶底雖然有漏洞，水還是流不出來。

　　水流不出來的另一個原因是，水的表面有張力，這個張力就像一層看不見的塑膠薄膜一樣，將水緊緊裹在一起。雖然張力比較小，但當漏洞比較小的時候，水的表面張力也阻擋了水的流出。

6、乒乓球對水柱的「愛戀」

乒乓球和一個從水壺嘴噴出來的水柱產生了愛情，否則它們為什麼難捨難分呢？

遊戲道具

水壺一個，臉盆一個，乒乓球一個，清水適量。

遊戲步驟

第一步：水壺和臉盆內裝上清水適量。

第二步：乒乓球放在臉盆內。

第三步：提起水壺，對準乒乓球傾倒水，觀察現象。

遊戲現象

和一般人的想法所不同的是，乒乓球並沒有被湍急的水柱沖的滿臉盆亂跑，而是忠實地處在水柱的籠罩之下，接受著水柱的「熱烈親吻」。隨著臉盆內水面的升高，乒乓球慢慢浮起來。儘管水壺竄出的水柱令臉盆裡面的水翻滾沸騰，但乒乓球始終不離開衝擊它的水柱。

你還可以將乒乓球放在板凳上做這個遊戲。一隻手拿著乒乓球放在板凳上，一隻手拎壺往下倒水，水柱衝擊到乒乓球後，可以放手了（倒水之前手不能離開乒乓球，否則乒乓球就會被沖走）。你會發現，乒乓球被水柱固定在板凳上。這時候你可以手拿水壺，慢慢地向前向後，向左向右移動，這個乒乓球就會聽從水壺的指揮，跟著水柱一起移動。

科學揭秘

乒乓球和水柱之間，之所以密不可分，並不是因為堅貞的愛情，而是空氣氣壓在「作怪」。

當水柱衝擊到乒乓球的時候，乒乓球周圍充滿了流動的水，其周圍的空氣氣壓隨之變小。乒乓球周圍的水流情況發生變化，周圍的空氣壓力也隨之改變，乒乓球在這種空氣壓力之下，不斷自身調節，始終處在水柱底部中央，進而和水柱「相互依偎」。你看，空氣的壓力，是多麼富有神奇效果呀！

7、輕鬆滑行的杯子

　　一只倒扣在桌子上的杯子，用嘴對著它吹氣，杯子就能輕鬆地在桌子上滑行。即便用一根羽毛，也能將它推得動，你知道這是為什麼嗎？

遊戲道具

　　玻璃杯兩個，熱水適量，桌子一張（表面要平整光滑）。

遊戲步驟

第一步：先將一個玻璃杯倒扣在桌子上，用嘴吹氣，觀察現象。

第二步：將另一個玻璃杯用熱水沖淋一下，杯子內留下少許熱水，迅速
　　　　　　將玻璃杯倒扣在桌子上，用嘴輕吹杯子，觀察現象。

遊戲現象

第一次吹玻璃杯，玻璃杯紋絲不動；第二次吹玻璃杯，玻璃杯在桌面上輕鬆開始滑行，就像溜冰隊員站在溜冰場上，幾乎沒有什麼摩擦力。

科學揭秘

熱水沖淋過的杯子，被迅速倒扣在桌子上，杯中的空氣被杯壁和杯底上的熱水暖熱，迅速膨脹，將倒扣在桌子上的玻璃杯托了起來。被托起來的玻璃杯，和桌子之間有一個很小的縫隙，被從杯壁上流下來的熱水填充。這時候，杯子已經和桌子沒有實質性的接觸了，杯子被支撐在一層超薄的水墊上面，因此，杯子和桌子之間的摩擦力大大削減，很小的外力便能使杯子輕鬆滑行。

8、難以滑動的冷水杯

空氣具有熱脹冷縮的特性，在下面的這個遊戲中你可以一覽無遺。

遊戲道具

一個玻璃杯，一本厚度約四、五公分的書，一個表面光滑，長約二十五公分、寬約十公分的木板一個，冷水和熱水適量。

遊戲步驟

第一步：將書平放在桌子上，木板斜靠在書上。

第二步：將玻璃杯在冷水中浸泡，然後倒扣在傾斜的木板上，觀察現象。

第三步：將玻璃杯在熱水中浸泡，然後倒扣在傾斜的木板上，觀察現象。

遊戲現象

你會發現，冷水浸泡過的杯子，在傾斜的木板上固定不動，或者慢慢下滑很快停止；而熱水浸泡過的杯子則會較為快速的下滑，直到從木板上跌落下來。

科學揭秘

被熱水浸泡過的水杯，為什麼下滑的更徹底、更快速呢？這是因為杯中的空氣受熱膨脹，將倒扣的玻璃杯向上抬起，玻璃杯和木板之間的摩擦力減低。

9、倒置的冰凍現象

　　放在冰箱內沒有凍成冰塊，放在外面卻很快結冰了，這倒置的冰凍現象，究竟蘊含著怎樣的科學奧秘呢？

遊戲道具

　　汽水一瓶，冰箱一台。

遊戲步驟

第一步：將汽水放在冰箱內，冰凍到快要結冰但尚未結冰的程度；

第二步：從冰箱內取出汽水，打開瓶蓋，放在室溫環境下，觀察現象。

遊戲現象

　　在冰箱內沒有結冰的汽水，在室溫環境下卻很快結冰了。

科學揭秘

　　原來，汽水中含有大量二氧化碳氣體，二氧化碳氣體的冰點比較低，所以在冰箱內很難結冰；汽水放置到室溫環境中後，打開了瓶蓋，二氧化碳氣體氣化，從汽水瓶內升騰走了不少，汽水本身的冰點升高了。二氧化碳氣體氣化的同時，還能帶走汽水瓶內的熱量，汽水瓶內的溫度進一步降低，所以很快就能結冰了。

10、秤一秤空氣的重量

那些時刻漂浮在我們身邊的卻又極易被我們忽略的空氣，是不是也有重量呢？下面這個遊戲將為你揭開謎底。

遊戲道具

氣球兩個，打氣筒一個，五十公分長薄木片一塊，尺一把，膠帶和細繩少許，鉛筆一枝，大頭針一枚。

遊戲步驟

第一步：用尺子量取薄木片中間位置，然後畫一條直線，在直線上繫上一條繩子。

第二步：提起繩子，看木片是否平衡。如果不平衡，左右移動繩子使之平衡。

第三步：打氣筒給氣球充氣，繫緊氣球進氣口，將兩個氣球分別用膠帶紙黏貼到木片兩端。

第四步：提起繩子看木片是否平衡。如果不平衡，則說明兩隻氣球裡面的空氣，一個多，一個少，這說明空氣是有重量的；

第五步：如果木片平衡，用大頭針刺破其中一個氣球，觀察現象。

遊戲現象

發現木片向有氣球的一方傾斜了。

科學揭秘

空氣是有重量的，因為重量十分輕，往往被人們忽略罷了。

11、有孔的紙片為什麼能托住水？

　　凡是有孔的東西，都會漏水——這似乎是一個人盡皆知的生活常識；薄紙片比水輕，是無法承受重量數倍於自身的水的重量的，這個道理大家也都知道。可是，在科學面前，一般的生活知識受到了顛覆，你是不是感到驚訝和不解？

遊戲道具

　　大頭針一枚，薄紙片一張，容量為2升的可樂瓶一個。

遊戲步驟

第一步：用大頭針將紙片穿扎多個小孔。

第二步：大可樂瓶內裝滿水；將紙片蓋在瓶口上。

第三步：用手壓著紙片，將可樂瓶翻轉，瓶口朝下，輕輕將手移開，觀
　　　　　察現象。

遊戲現象

　　發現紙片不僅沒有漏水，反倒將整瓶水托住了。

科學揭秘

　　紙片之所以能將整瓶的水托住，是因為大氣壓強作用於紙片上，使
紙片產生了向上的托力；小針孔無法漏水，是因為水的表面張力。水在
紙的表面形成了水的薄膜，薄膜將水抱住，水無法從孔中滴落下來。我
們平時用的雨傘，雨傘布上雖然有很多小孔，但仍舊不會漏雨，就是利
用了水的張力。

遊戲提醒

　　做這個遊戲的時候要注意兩點：

① 瓶子要選用小口的，如果用大口瓶子，要選用較硬的紙。

② 瓶子中裝滿水，遊戲的效果越好。

12、吹不落地的乒乓球

　　一個漏斗敞口裡面裝著乒乓球，漏斗口朝下，對著漏斗根部向下吹氣，乒乓球卻不落地，你知道這是為什麼嗎？此遊戲建議六人以上玩耍。

遊戲道具

　　乒乓球，小漏斗。

遊戲步驟

第一步：每人分發一個漏斗、一個乒乓球。

第二步：漏斗的敞口裡面裝上乒乓球。

第三步：裁判發出比賽開始的指令後，每個隊員用嘴對著漏斗的長管吹氣，讓漏斗敞口處朝地面傾斜，以不讓乒乓球掉下來為止，看誰先跑完規定的全程。

科學揭秘

　　這個看似不可能完成的動作，只要掌握了科學原理，還是十分簡單的。

　　先將漏斗口向上傾斜，將乒乓球放進漏斗的敞口處，然後用嘴巴對著漏斗管徐徐吹氣，然後逐漸加大吹氣量。在吹氣的過程中，漏斗口慢慢朝下，這時，乒乓球就會被漏斗口吸住，不會落地了。

　　還有一種方法：先將漏斗口朝下，用手托住乒乓球，然後用嘴對著

漏斗管開始吹氣,慢慢鬆開手,乒乓球也不會落地。

　　乒乓球不落地的原因是:乒乓球上方有氣流運動,所以空氣壓力小;而乒乓球下方的空氣壓力比較大,進而將乒乓球托住了。

遊戲提醒

　　在比賽過程中,只要不長時間換氣,那麼你一定能夠穩操勝券。

13、直觀體驗空氣的壓力

　　我們知道，空氣是有壓力的。下面這個科學小遊戲，可以讓你直觀體驗到空氣壓力的存在。

遊戲道具

　　一塊長約二十公分、寬約五公分的塑膠泡棉，一張報紙。

遊戲步驟

第一步：將塑膠泡棉放在桌子台面上，三分之一在桌子外面，將報紙覆蓋在桌面的塑膠泡棉上。

第二步：用力向下擊打桌面外的塑膠泡棉，觀察現象。

遊戲現象

　　塑膠泡棉斷裂了，而桌面上的報紙卻紋絲不動。

科學揭秘

　　當塑膠泡棉受力時，微微抬離桌面，桌面和塑膠泡棉之間，形成一個很小的空間，空氣在裡面流通，形成了一個低氣壓；而報紙上面的氣壓顯然比下面的低氣壓大，就像一把老虎鉗一樣，緊緊將塑膠泡沫固定住了。

14、被壓縮了的空氣

環繞在我們身邊、無處不在的空氣，能否被壓縮呢？看完下面這個小遊戲，你就會知道答案了。

遊戲道具

醫用注射器一支。

遊戲步驟

第一步：將注射器的針頭去掉。

第二步：將注射液的活塞拉起來，這時候針管裡面充滿了空氣。

第三步：手指堵住注射器的口，用力往下推動活塞，觀察現象。

遊戲現象

活塞往下運行一定距離後，就停住了。

科學揭秘

這是因為空氣被壓縮了。外在的作用力越大，空氣的壓縮程度就越高。活塞往下運動一段距離後，就再也無法下壓了，這是因為外界作用力達到了你手上力量的極限。如果推動活塞的力量增加，空氣還能被壓縮下去。

還有一種更直觀的方法，來見證空氣是可以被壓縮的。當我們給自行車輪胎打氣的時候，到了一定程度，輪胎鼓起來後外形不變，但我們仍舊可以用氣筒往輪胎裡面充氣，隨著充氣量的增加，輪胎的硬度發生了變化；充氣量越大，輪胎的硬度越大。這是因為大量的空氣被壓縮在輪胎裡面的緣故。

15、無法吹翻的小橋

　　某些時候，一件看似平常、自認為簡單的事情，卻總能將你難倒，而且結果大大出乎你的意料之外，令你百思不得其解。下面這個遊戲就屬於這種情況。遊戲建議人數：兩人或者兩人以上。

遊戲道具

　　每人需要準備寬五公分、長十五公分的硬紙板或者薄紙片一張。

遊戲步驟

第一步：將硬紙板對折，使之成為一個小橋狀。

第二步：將小橋放在桌子上，對著橋孔吹氣，誰能將小紙橋吹起來，誰就屬於優勝者。

遊戲現象

　　令人感到奇怪的是，沒有人能夠將小橋吹起來，儘管紙做的小橋重量很輕。

科學揭秘

　　可能你不服氣，用力反覆吹。但是無論你用多大的力氣，也無論桌面多麼光滑，別說你將紙橋吹翻，就是想讓它挪動一下都很難。紙橋就像生了根似的，在桌子上巋然不動！你越是用力氣吹氣，小橋在桌子上貼得越牢固。

　　但是你換一個位置，從橋墩那邊吹氣，小橋很輕易地就被吹走了。

這究竟是為什麼呢？

　　原來，當你對著橋洞吹氣的時候，空氣從橋洞穿過，橋洞中空氣的壓力，要比橋上空氣壓力小很多。你越是用力吹，空氣從橋洞流通的速度也就越快，紙橋下面的空氣壓力更小，相較紙橋上面的氣壓更大，所以小橋就像生了根似的，牢牢黏貼在桌子上了。

16、收縮的氣體

　　熱脹冷縮是物質的基本屬性，下面這個科學小遊戲，可以讓你最直觀地看到氣體收縮時的情形。

遊戲道具

　　兩個大小一樣的玻璃杯，一小截蠟燭，打火機一個，吸水紙一張。

遊戲步驟

第一步：用打火機點亮蠟燭，放進其中一個玻璃杯裡面。

第二步：吸水紙浸濕，覆蓋在杯口上，兩個杯子口對口扣在一起。

第三步：蠟燭熄滅後，拿起上面的杯子，觀察現象。

遊戲現象

兩個玻璃杯就像膠黏的一樣，緊緊連在一起了。

科學揭秘

這是因為蠟燭在燃燒過程中，消耗完了杯子中的氧氣（吸水紙是透氣的，空氣可以從一個杯子自由流動到另一個杯子）。杯子中的空氣燃燒受熱膨脹，從兩個杯子之間外溢出去。蠟燭熄滅後，杯子內的空氣迅速收縮，形成了低氣壓，被外面正常的氣壓緊緊壓迫在一起。

17、香蕉自動脫皮

你想看著香蕉在瓶口上跳舞，然後搖擺著身子自動將香蕉皮脫掉嗎？

遊戲道具

玻璃瓶一個，一個能進入瓶口的香蕉（稍微熟過頭一點的最好），酒精或白酒少量，火柴一盒，紙片少許。

遊戲步驟

第一步：香蕉末端的皮稍微撥開，備用。

第二步：玻璃瓶內倒入少量白酒，用火柴點燃紙片，放入瓶內，引燃白酒。

第三步：將香蕉末端豎放在瓶口上，讓香蕉肉完全堵住瓶口，香蕉皮留在外面，觀察現象。

遊戲現象

你會發現，香蕉就像著了魔似的往瓶子裡鑽，還發出聲音。最後，香蕉鑽進了瓶子，香蕉皮留在了外面。

科學揭秘

這是因為燃燒的白酒耗盡了瓶子中的氧氣，瓶子外面的氣壓大於瓶子裡面的氣壓，香蕉被瓶子外面的空氣「壓」到了瓶子裡面。

遊戲提醒

　　要讓香蕉肉將瓶口完全堵死,否則空氣進入瓶中,增加了瓶中的氣壓,這個遊戲就不容易做成了。如果你採用的是不太成熟的香蕉,在香蕉皮上豎著劃幾個刀口,香蕉就更容易自動脫皮了。

18、兩個氣球之間的「較量」

相同大小的兩個氣球，它們之間產生了一場較量，你想瞭解這場較量的前因後果嗎？

遊戲道具

大小相同的氣球兩個，長度十公分左右的軟橡膠管一根，橡皮筋兩條，夾子一個。

遊戲步驟

第一步：橡皮管從中間對折，用夾子夾住，目的是讓橡皮管中間閉合，不再通氣。

第二步：將其中一個氣球吹得足夠大，將氣球口套在橡皮管的一端，用橡皮筋固定好，不要讓它漏氣。

第三步：將另外一個氣球稍微吹氣，看起來氣球鼓起的程度要比前一個
　　　　氣球小很多，將小氣球綁在橡膠管的另一端。

第四步：鬆開橡膠管中間的夾子，讓兩個氣球相通，使得一個氣球內的
　　　　空氣，能夠自由進出另一個氣球，觀察現象。

遊戲現象

　　一般人會認為，大氣球內的氣體能夠進入小氣球內，其實大錯特錯
了。相反的是，小氣球內的氣體，進入了大氣球內。小氣球更小，大氣
球更大了。

科學揭秘

　　原因在於可變容器中的流體，總是取表面積最小時的形狀。油滴在
水裡呈球狀就是這個道理。拿一個大球和兩個小球相比，如果大球容積
等於兩個小球的容積之和，那麼大球的表面積比兩個小球的表面積要
小。一樣的道理，如果一個大氣球裡裝的氣體等於兩個小氣球裝的氣
體，大氣球的表面積肯定比兩個小氣球的表面積的和要小，於是小氣球
總是把空氣排進大氣球裡去。

19、自製的蘋果氣槍

　　這個遊戲可以滿足你愛玩槍的願望。根據下面這個遊戲提供的方法，個自製作一個氣槍，看看誰射擊的更遠。

遊戲道具

　　蘋果或者馬鈴薯各一個，小刀一把，金屬管或者硬質塑膠管一根（直徑八到十公釐；長度約七、八公分），十五公分長的圓木棍，直徑正好和塑膠管直徑相配。

圓木棍　　　　　　　硬質塑料管　　　　　　　蘋果片

遊戲步驟

第一步：用小刀將蘋果或馬鈴薯削成片。

第二步：將管子兩端分別插進蘋果片中，蘋果就會嵌進管子中，將管子兩端密封住了。

第三步：用小木棍推動管子一端的蘋果片，瞄準你想要射擊的目標。

遊戲現象

　　隨著棍子的推動，你會聽見啪的一聲，另一端的蘋果片就會飛射向目標。

科學揭秘

　　手中的這個蘋果槍，是名副其實的氣槍。蘋果將管子兩端堵死，當你用力推動一端的蘋果時，管子內的壓縮空氣就會向另一端壓迫，隨著空氣壓力的增大，管子另一端的蘋果，就會被高速頂了出去。

遊戲提醒

　　在用木棍推動的時候，要敏捷。只要瞄準目標，你一定能射中靶心。在射擊的時候，要注意安全，不要對著任何人或小動物。

20、炮打蠟燭

按照下面這個方法，可以自製一枚大炮，來體驗空氣動力的神奇力量。

遊戲道具

兩頭密封的圓柱體長紙筒一個，剪刀一把，蠟燭一根，打火機一個。

遊戲步驟

第一步：在紙筒一端的蓋子中間，用剪刀裁出一個直徑大約為二公分的圓孔，這個小孔就是大炮的「炮口」。

第二步：隨意用其他材料製作一個架子，將「大炮」架起來。

第三步：點燃蠟燭，放在距離大炮一公尺處。

第四步：大炮對準蠟燭，在炮筒的底部用手輕輕拍一兩下，觀察現象。

遊戲現象

你會驚訝的發現，一公尺之外的蠟燭，被大炮擊滅了！如果蠟燭火焰僅僅搖動了幾下，那說明大炮瞄的不準，需要重新調整角度。只要瞄的準，大炮能擊滅三公尺以外的蠟燭！

科學揭秘

你簡直不能相信吧！這就是空氣動力的威力，這是大炮發出的「音波」，吹滅了蠟燭。雙手在大炮底部輕拍，引起音波的震盪，進而使空

氣產生了強大的壓縮，這種空氣壓縮的速度和力量都是很驚人的，所以將兩三公尺以外的蠟燭都擊滅了。

我們用一個很具體的做法，來體驗什麼叫音波：請一個善於抽菸的人，往圓筒裡面吹進幾口煙，然後將大炮平擺，用手指輕彈炮筒的底面，你會看到，一股美麗的煙圈，從炮眼噴了出來，這就是音波的效果。

如果你觀察的夠仔細，你會看到這些煙圈在迅速兜著圈子翻滾，簡直神奇極了！

21、淘氣的小紙球

你想將一個小紙球吹到瓶子裡，它卻淘氣地不聽話，這是為什麼呢？

遊戲道具

空瓶子一個，小紙條一張。

遊戲步驟

第一步：將小紙條揉成一個小紙球。

第　　二步：將小紙條放在空瓶口，用力吹，試圖將其吹到瓶子裡面。

遊戲現象

小紙球很淘氣，非但沒有進入瓶子裡，反而反彈過來，直射到你的臉上。

科學揭秘

小紙球之所以淘氣，完全是因為氣壓在作怪。吹氣的時候，瓶子裡面的氣壓增高，而瓶口卻產生了低氣壓，紙球從高氣壓區，反彈到了低氣壓區。

22、「噴氣式」氣球

你一定知道噴氣式飛機吧！這個遊戲可以讓你直接體驗噴氣式飛機的飛行原理。

遊戲道具

氣球一個，吸管一根，膠帶少許，細繩子一根，夾子一個。

遊戲步驟

第一步：將細繩子從吸管中穿過，然後就像晾衣繩那樣，將繩子的兩端固定在房間裡，讓繩子繃直。要讓吸管可以在繩子上自由滑行。

第二步：給氣球充氣，用夾子將氣球口夾緊，別讓它漏氣。

第三步：用膠帶紙將氣球固定在吸管上。

第四步：將氣球拉到繩子的一端，鬆開夾子，觀察現象。

遊戲現象

你會看見氣球內的氣體急速外洩，同時帶著吸管向繩子的另一端快速滑去。

科學揭秘

由於氣球裡面充滿了大量被壓縮了的氣體，當突然鬆開氣嘴時，空氣急劇外洩，產生了巨大的推動作用，將氣球向前推動。

當噴氣式飛機開始工作的時候，噴出了大量熱度很高的廢氣，產生了巨大的反作用力，推動飛機向前飛行。

23、製造出來的雲霧

雲霧一般都在幾千公尺外的高空。下面這個遊戲，可以讓你製造出雲霧，讓雲霧飄散到你身邊。

遊戲道具

大小鐵罐各一個，冰塊、食鹽各少許。

遊戲步驟

第一步：小鐵罐放在大鐵罐裡面。

第二步：將食鹽或者冰塊（在冬天可以用雪代替冰塊）按照三比一的比例混合，放在大鐵罐和小鐵罐的空隙間。這樣，一個簡易小冰箱就做成了。

第三步：不一會兒，小鐵罐內的空氣，就被外面的冰塊冷卻下來。

第四步：對著小鐵罐吹氣，觀察現象。

遊戲現象

你會發現水蒸氣被吹進了小鐵罐裡面。用手電筒照射小鐵罐，可以清楚地看到自己親手製作出來的雲霧。

科學揭秘

　　天上飄浮著的白雲其實不是雲霧，而是水蒸氣的凝聚，或者是浮動著的冰粒或者是冰的結晶體組成的。

　　在氣溫較低的時候，我們從口中可以呼出雲霧狀的氣體，這是因為呼出的空氣中含有水蒸氣，水蒸氣遇冷凝結成了微小的水滴。很多微小的水滴聚集在一起，形成了雲霧狀。

　　小鐵罐裡面溫度很低，空氣在小鐵罐裡面遇冷凝結，形成了淡淡的雲霧。

　　在這個小遊戲裡，添加鹽是為了加快冰雪或者冰塊的融化，融化可以帶走周圍空氣的熱量，盡快降低空氣溫度。

24、空氣產生的力

空氣有力量嗎？一些人可能認為，空氣是透明無色的，能有什麼力量呢？下面這個遊戲，能讓你清楚認知空氣的力。

遊戲道具

一根一米長的鐵管，類似於船槳形狀的塑膠扇。

遊戲步驟

第一步：將鐵管拿牢，在頭頂上旋轉舞動。

第二步：放下鐵管拿起塑膠扇，在頭頂舞動，舞動的同時變換角度。

遊戲現象

你會發現，當扇面迎風舞動時，雙臂感到十分費力。

科學揭秘

這是因為扇面的面積大於鐵管的表面面積，在舞動過程中，接觸到的空氣也就多。空氣有阻力，阻止了扇面的舞動。

這說明，空氣除了氣壓之外，還是有阻力的。

飛翔的小鳥，路面跑動的汽車，頭部面積一般都很小，而且基本上呈流線型設計，這都是為了減小空氣阻力，更加快速運動。

25、機翼的工作原理

你想瞭解飛機機翼的飛行原理嗎？下面這個遊戲，可以用最簡單最直觀的方式給你答案。

遊戲道具

一張長紙條。

遊戲步驟

手拿長紙條，放在下唇，讓紙條自然垂下去。對紙條吹氣，觀察現象。

遊戲現象

下垂的紙條抬了起來，在嘴唇前面飄動。

科學揭秘

嘴巴對紙條吹氣，將紙條上面的空氣吹走了，紙條上面的氣壓降低，小於紙條下面的氣壓，紙條被下面的空氣托了上來。

飛機機翼在高空中飛行，就是這個道理。飛機透過發動機啟動，飛到高空的時候，氣流從飛機機翼上方略過，飛機機翼上方的氣壓變低，下面的高氣壓將飛機機翼托了起來，這種力量被稱之為「提升力」。

26、被壓縮了的空氣

　　一張乾燥的白紙放在水杯裡面，將水杯放入水中，白紙卻沒被水浸濕，你能解釋這種奇怪的現象嗎？

遊戲道具

　　水杯一個，白紙一張，臉盆一個。

遊戲步驟

第一步：將白紙揉成團，塞入水杯底部。

第二步：將水杯口朝下，放入臉盆中，讓水淹沒水杯，觀察現象。

遊戲現象

　　水杯中的白紙，竟然沒有被水浸濕。

科學揭秘

　　這是因為水杯中的空氣被壓縮，罩住了白紙。白紙處於水杯壓縮的空氣包圍中，所以能夠保持乾燥。假如杯子繼續往水中下沉，杯子中的空氣，隨著水壓的增高被壓走，杯子裡面的白紙會被水浸濕。

27、巧取水中硬幣

盤子裡面有少許水，放入一枚硬幣。用什麼方法既不接觸到水，又能將硬幣取出來呢？

遊戲道具

硬幣一枚，盤子一個，玻璃杯一個，打火機一個，白紙一張。

遊戲步驟

第一步：用打火機將白紙點燃，放入玻璃杯中。

第二步：將玻璃杯倒扣在水盤的硬幣旁邊，觀察現象。

遊戲現象

盤子中的水進入了倒扣的玻璃杯中，硬幣露了出來。

科學揭秘

紙張在玻璃杯中燃燒，消耗了大量氧氣。紙張熄滅後，杯中的空氣變得稀少，而且遇冷收縮，形成了低氣壓。杯子外面的正常氣壓，將盤子中的水壓進了杯子。

28、吹不滅的蠟燭

用力吹燃燒的蠟燭，卻怎麼也吹不滅。你知道怎樣做到這一點嗎？

遊戲道具

一根蠟燭、火柴，一個小漏斗，一個平盤。

遊戲步驟

第一步：點燃蠟燭，並固定在平盤上。

第二步：使漏斗的寬口正對著蠟燭的火焰，從漏斗的小口對著火焰用力
吹氣。

遊戲現象

蠟燭依舊在燃燒。

科學揭秘

吹出的氣體從細口到寬口時，逐漸疏散，氣壓減弱。這時，漏斗寬
口周圍的氣體由於氣壓較強，將湧入漏斗的寬口內。因此，蠟燭的火焰
也會湧向漏斗的寬口處。這樣吹氣時，火苗將斜向漏斗的寬口端，並不
容易被吹滅。如果從漏斗的寬口端吹氣，蠟燭將很容易被熄滅。

遊戲提醒

蠟燭燃燒時需要注意安全。

29、蠟燭抽水機

你知道抽水機是怎樣將水抽出來的嗎？以下的小遊戲可以讓你明白其中的玄機。

遊戲道具

玻璃杯兩個，蠟燭一根，比玻璃杯口稍大的硬紙板一張，塑膠管一根，凡士林少許，火柴，水半杯。

遊戲步驟

第一步：先將塑膠管折成門框形，一頭穿過硬紙片。

第二步：把兩個玻璃杯一左一右放在桌子上。

第三步：將蠟燭點然後固定在左邊玻璃杯底部，同時將水注入右邊玻璃杯中。

第四步：在放蠟燭的杯子口塗一些凡士林，再用穿有塑膠管的硬紙板蓋上，並使塑膠管的另一頭沒入右邊杯子水中。

遊戲現象

水從右邊流入左邊的杯子中。

科學揭秘

蠟燭燃燒用去了左邊杯中的氧氣，瓶中氣壓降低，右邊杯壓力使水向左杯流動，直到兩杯水面承受的壓力相等為止。到那時左杯水面高於右杯水面。

遊戲提醒

蠟燭點燃後固定在左邊玻璃杯底部時注意安全，小心燒傷。

30、瓶內吹氣球

瓶內吹起的氣球，為什麼鬆開氣球口，氣球不會變小？

遊戲道具

大口玻璃瓶一個，吸管兩根，紅色和綠色各一根，氣球一個，氣筒一個，尖頭錐一把。

遊戲步驟

第一步：用尖錐事先在瓶蓋上打兩個孔，分別插上紅色和綠色兩根吸管，並在紅色的吸管上紮上一個氣球。

第二步：將瓶蓋蓋在瓶口上。

第三步：用氣筒打紅吸管處將氣球打大，將紅色吸管放開觀察現象。

第四步：用氣筒再打紅吸管處將氣球打大，迅速捏緊紅吸管和綠吸管兩個管口，接著放開紅色吸管口，觀察現象。

遊戲現象

第三步將紅色吸管口放開，氣球立刻變小；第四步放開紅色吸管口，氣球沒有變小。

科學揭秘

當紅色吸管鬆開時，由於氣球的橡皮膜收縮，氣球也開始收縮。可是氣球體積縮小後，瓶內其他部分的空氣體積就擴大了，而綠管是封閉的，結果瓶內空氣壓力要降低——甚至低於氣球內的壓力，這時氣球不會再繼續縮小了。

31、能抓住氣球的杯子

你會用一個小杯子輕輕倒扣在氣球球面上，然後把氣球吸起來嗎？

遊戲道具

氣球一～二個、塑膠杯一～二個、熱水瓶一個，熱水少許

遊戲步驟

第一步：對氣球吹氣並且綁好。

第二步：將熱水（約70℃）倒入杯中約多半杯。

第三步：熱水在杯中停留20秒後，把水倒出來。

第四步：立即將杯口緊密地倒扣在氣球上。

遊戲現象

輕輕把杯子連同氣球一塊提起。

科學揭秘

杯子直接倒扣在氣球上，是無法把氣球吸起來的。用熱水處理過的杯子，因為杯子內的空氣漸漸冷卻，壓力變小，因此可以把氣球吸起來。

32、筷子的神力

把一根筷子插入裝著米的杯子中，然後將筷子上提，筷子會把米和杯子提起嗎？

遊戲道具

塑膠杯一個，米一杯，竹筷子一根。

遊戲步驟

第一步：將米倒滿塑膠杯。

第二步：用手將杯子裡的米按一按。

第三步：用手按住米，從手指縫間插入筷子。

遊戲現象

用手輕輕提起筷子，杯子和米一起被提起來了。

科學揭秘

由於杯內米粒之間的擠壓，使杯內的空氣被擠出來，杯子外面的壓力大於杯內的壓力，摩擦力使筷子和米粒之間緊緊地結合在一起，所以筷子就能將盛米的杯子提起來。

33、誰的火箭飛得遠？

在做這個遊戲之前，參加者每人先得做一個「壓縮氣火箭」。

遊戲道具

一個軟塑膠瓶，尖錐一把，強力膠，一根十公分長的塑膠細管，麥稈數根，麵糰，彩色紙數張，剪刀一把。

「壓縮氣火箭」的具體做法如下：在軟塑膠瓶的瓶蓋上鑽一個小孔，插進一根塑膠細管（可以把廢原子筆芯的筆頭剪去代替），再用強力膠黏牢。找一根十公分長、套在塑膠管外能夠自由滑動的麥稈，在麥稈的一端黏上四張三角形的彩色紙做為火箭的尾翼；另一端用麵糰封嚴，捏成火箭頭似的形狀。等麵糰乾了以後，比賽用具——壓縮氣火箭就算做好了，可以進行比賽了。

遊戲步驟

比賽時，參賽者並排站在一起，把麥稈做的「火箭」套在塑膠管上，裁判發出口令後，參賽者用手使勁一捏瓶子，「火箭」就會嗖的一下，飛出十幾公尺遠。

誰的火箭飛的距離遠，誰就是優勝者。也可以連續發射多次，把每一次發射的距離加起來，誰的距離遠，誰為優勝者。

科學揭秘

這個火箭的發射原理是這樣的：瓶中的空氣透過塑膠管進入麥稈，

因為麥稈的前端是封閉的，進入裡面的壓縮空氣膨脹後向麥稈的後端（沒有封閉的一端）噴出，給麥稈一個向前的作用力，麥稈就向前飛去。

$$E = MC2$$

$$F = \frac{GMm}{R^2}$$

第七節

揭示重心的秘密

1、無法完成的跳躍

　　身為一個正常人，跳躍是最基本的人體動作。但是，下面這個跳躍，目前為止任何人還無法完成。你想挑戰一下嗎？

遊戲規則和步驟

　　為了避免意外碰撞，我們將遊戲場地選在床上或者軟墊上。雙手抓住腳趾頭，膝蓋略微彎曲，試圖向前跳躍。

遊戲現象

　　儘管你暴跳如雷，但你無法向前移動半步。不過你盡可能的南轅北轍，向後跳躍完全可以做得到。

科學揭秘

　　向前跳躍和向後跳躍，對人體重心的要求是不一樣的。

　　一個人在向後跳時，一般情況下是雙腳先離開地面，人體的支撐部分首先移動。在這種情況下，重心能使人體仍然保持平衡，所以雙手握住腳趾頭，可以向後跳躍。

　　但是向前跳躍情況就完全不同了。向前跳躍，重心首先移動，支撐部分緊隨其後。由於雙手握住了腳趾頭，當重心移動的時候，沒有雙臂的擺動來保持平衡，所以除了摔倒在床上之外，別無選擇！

　　但是也有特例。那些腿部肌肉特別強壯有力的運動員，在向前跳躍的時候，支撐點先移動，支撐點緊隨其後。強勁的腿部肌肉將身體帶離地面，而且還要在空中支撐處於不平衡狀態的身體，這絕對不是一般人可以做得到的。

2、你能撿起地上的硬幣嗎？

看到這個遊戲題目，你一定會說：撿硬幣多簡單啊！彎個腰不就行了。可是，物理學中的「重心原理」給你設置了一個門檻。撿硬幣，可不是那麼簡單。你不信？往下看。

遊戲道具

硬幣一枚。

遊戲規則

第一步：雙腿併攏，腳跟緊靠牆壁站立。

第二步：膝蓋不許彎曲、腳不許挪動，撿起扔在你腳前三十五公分處的硬幣。

遊戲步驟

將硬幣擺放好後，根據遊戲規則撿地上的硬幣。

遊戲現象

費盡九牛二虎之力，卻無法將近在眼前的硬幣撿到手。

科學揭秘

這涉及到物理學中的重心原理。一個物體的各部分都要受到重力的作用。從效果上看，我們可以認為各部分受到的重力作用集中於一點，這一點叫做物體的重心。當一個人雙腿直立站在牆邊的時候，身體重心處在雙腿上方。身體前傾，試圖彎腰撿地上的硬幣的時候，重心也隨之向前移動。為了保持身體平衡，雙腿必須隨之往前邁動，才能保持身體的平衡，否則會摔倒在地。你一定不服氣吧！好了，準備好硬幣，靠牆站立，自己測試一下吧！

3、無法站立的坐姿

只要保持一種姿勢，僅僅憑靠自身的力量，你將永遠也無法站立起來，不管你身負多麼高強的武功，有多麼旺盛的體力。

遊戲規則和步驟

一把不帶扶手的椅子，身體板直，坐在椅子上，背部緊靠椅背，雙腳平放在地面上，雙臂在胸前交叉，試著站立起來。站立過程中，姿勢保持不變，上身不能前傾。

遊戲現象

無論怎樣，你都無法站立。

科學揭秘

只要遵守遊戲規則，世界上任何人都無法從椅子上站立起來。

當一個人正坐著的時候，他的重心在脊椎骨的下方。如果想站立，重心必須轉移到小腿上方。只要保持規則中的姿勢，重心就不會從脊椎骨下方移動到小腿上方。在重心沒有前移的情況下，任何人的大腿肌肉，都沒有這麼大的力量讓一個人站起來。

4、難以撿起的手帕

這個動作，目前還無人能做得到，儘管它看上去十分簡單。

遊戲道具

一條手帕，一根木棍。

遊戲步驟

第一步：將手帕放在你前面的地板上。

第二步：將木棍夾在膝蓋彎內，兩個手肘將棍子從反向夾住。

第三步：身體前傾，雙手手掌撐地，試著用嘴去撿前面的手帕。

遊戲現象

這個看似十分簡單的動作，卻實實在在難倒了你，你無法將地下的手帕撿起來。

科學揭秘

當按照遊戲制訂的規則擺好姿勢的時候，人體的重心處於腿部上方。身體前傾時，重心由腿部上方向前移動。一旦移動的太遠，就會失去平衡而跌倒。即便前面擺放的是情人的手帕，你除了弄了一個灰頭土臉之外，什麼也得不到。

5、家庭搬凳子比賽

週末休閒之餘，一家三口不妨玩玩下面這個遊戲。兒子充當裁判，爸爸媽媽是比賽選手。做完了遊戲，別忘了讓爸爸媽媽闡述遊戲中的科學道理哦。

遊戲道具

椅子兩張。

遊戲步驟

第一步：你按照參加遊戲者腳的大小，從牆根量四腳長的距離，然後各

畫一條線做為標記。

第二步：每人搬一張椅子放在牆根，雙腳齊線站立，彎腰，頭頂緊貼牆壁。誰能舉起椅子，誰就是優勝者。

遊戲現象

一般情況下，爸爸無法將椅子舉起來，勝利的總是媽媽。

科學揭秘

女人的腳通常比男人要小。所以四腳的距離，男人要比女人更加遠離牆根。當男人彎腰時，身體的重心會遠離身體的支撐點，男人要想舉起椅子，腳步必須往前挪動，但這樣也就犯規了。而女人所量取的四腳距離，要更加靠近牆壁，相較之下，就能輕易將椅子舉起來。

遊戲提醒

如果你想幫助媽媽取勝，就建議爸爸穿又大又重的皮鞋，建議媽媽穿高跟鞋，這樣媽媽的優勝者獎盃就十拿九穩了。

6、有趣的滾動比賽

晴朗的假日，可以約幾個朋友到野外玩耍，不妨來一場滾動比賽，順便溫習一下國中物理課學到的知識。本遊戲建議人數三人或三人以上。

遊戲道具

盤類比如飛盤、塑膠圓盤等；球類比如實心球、玻璃彈珠或軸承滾珠等；圈類比如輪胎、鐵環等。

遊戲規則

每人從以上三組器材中任意挑選一樣，即可參加比賽。選中一個斜坡，選手們將所用器材放置在同一條起跑線上，比賽開始後，同時鬆手讓器材自由滾動，看誰的器材滾動的最遠；或者擬定一個終點，看哪個器材最先滾動到終點。

遊戲現象

　　無論你進行多少次比賽，一般情況下，總是球類最先到達終點；其次是盤類，圈類器材總是最後到達終點。

科學揭秘

　　物體的滾動速度，和其重心周圍的重量分佈有著密切關係。物體重心重量的分佈稱為慣性矩。上面三組遊戲器材中，重心都是它們的幾何中心，但是重量在重心周圍的分佈卻大不一樣。一個物體的重量越接近它的重心，那麼這個物體的慣性矩也就越小，物體的滾動速度也就越快。圈類物品的全部重量，和重心有一段空間距離，所以它的慣性矩最大，滾動起來最慢；球類物品的重量緊緊貼近其重心，慣性矩最短，所以滾動起來速度最快。

　　溜冰運動員在旋轉的時候，就是利用這個原理，當開始旋轉的時候，運動員張開手臂保持平衡，當旋轉開始時，運動員抱緊手臂，緊貼身體，使身體重量的分佈更加接近重心，減小慣性矩的距離，這樣身體可以更加快速的轉動了。

7、自製家庭噴花器

　　用噴水器給農作物、蔬菜和果樹噴水澆灌，既能節省水源，也能澆的透徹，還省去了不少力氣。

　　下面這個遊戲，教你製作簡易噴水器的方法。你可以依樣做一個小型噴水器，給家裡的花草噴水。還可以和小朋友們進行比賽，看誰製作的噴水器轉的快，轉的圈數多，持續時間長。

遊戲道具

　　約八十公分長的木棍一根，小碗一個，易開罐（或圓罐頭）兩個，竹板條（長約六十～七十公分）一根，一寸的鐵釘一枚，花盆一個。

遊戲步驟

第一步：將小木棍豎直插在花盆中，當作噴水器的底座。

第二步：將小碗扣在木棍上端，做為可以旋轉的軸承。

第三步：竹板條用小火稍微烤一會兒，將其燒烤彎曲，彎成一個弓字型，冷卻後在竹板條中央頂一個小釘子。

第四步：易開罐當作裝水的容器，罐底的側面鑽一個小孔，將易開罐固定在竹板條的

兩端。

第五步：將竹板條放在小碗上，裝上
　　　　水，調整罐子的噴水方向，使
　　　　兩個罐子的噴水方向正
　　　　好相反。

第六步：用手輕輕撥動竹板條。

遊戲現象

　　罐子會帶動竹板條在碗上面旋轉起
來。

科學揭秘

　　為什麼竹板條能穩穩地立在碗上面呢？這是因為罐子的位置低，重
心也就相對較低。所以竹板條可以自由旋轉，掉不下來。

8、尋找物體的重心

我們知道，規則的長方體的重心，在其對角線的交會處；圓球的重心在圓心。那麼，不規則物體的重心，該怎樣確定呢？

遊戲道具

剪刀一把，硬紙板數張，鐵釘一枚，細線一圈，小鐵塊（可以用任意較重的物品代替，比如螺母、鑰匙等），鉛筆一根，直尺一把。

遊戲步驟

第一步：用剪刀將每個硬紙板剪成任意形狀。

第二步：用鐵釘在硬紙板上選取任意位置，鑽取兩個小孔。

第三步：將鐵釘釘在牆上，讓硬紙板的任意一個小孔掛在鐵釘上，硬紙板自由下垂。

第四步：在鐵塊上拴上細繩，掛在釘子上，用鉛筆和直尺沿著細線，在

硬紙板上畫一條直線。

第五步：將硬紙板另一個小孔掛在釘子上，再次垂線，用鉛筆和直尺沿著細線畫線。

遊戲現象

　　兩條線會有一個交會點，從交會點穿過一細線，將硬紙板吊起來，你會發現硬紙板在空中保持和地面平行的平衡狀態，既不會搖晃，也不會傾斜。

科學揭秘

　　這是因為硬紙板上兩條線的交會處，就是該物體的重心。較為具體的說法是，任何一個物體都有重心，這個重心就是物體全部重力的集中點。

　　有的物體品質分佈均勻，這類物體重心的位置，只和該物體的形狀有關。規則形狀的物體，它的重心處在幾何中心，比如圓球的重心在球心等；不規則物體的重心，可以用遊戲中的懸掛法來確定其位置。

　　品質分佈不均勻的物體，重心的位置和物體品質分佈有關，也和物體的形狀有關。比如起重機，重心會隨著吊動物體的重量和高度變化。

9、拉不動的精裝書

一本正常的書無論多重，都不足以挑戰我們的力氣極限。可是就有這麼一本書，很多人費盡了力氣，硬是拉不動它，你知道這是為什麼嗎？

遊戲道具

一根長1.5公尺的繩子，一本精裝書（比如大字典之類的書或者合訂本）。

遊戲步驟

第一步：把書打開縱向放在繩子上，書脊朝上。再把繩子在書脊當中打一個結。

第二步：兩手分別握住繩子的兩頭，使手和書至少保持五十公分的距離。兩手用力拉動繩子，試圖將繩子拉到和打結的地方水平的

位置，也就是説繩子打結的地方、兩隻手，三點拉成一條直線。

遊戲現象

　　無論你怎樣用力，你也無法將繩子拉成一條直線。

科學揭秘

　　這是因為手臂所施加的力量，無法抵消書的重力。

　　當繩子垂直吊一件物品的時候，我們手提繩子，將物品拎起來，所施加的力量，等於物體本身的重量。當我們將物品綁在繩子中間，向左右拉扯繩子時，所施加的作用力，和水平方向互成一定角度。在這種情況下，手臂使出來的力量，必須大於書的重力，這樣才能將繩子拉成一條直線。雙臂施加的力量和水平方向的角度越小，所需要的力量也就越大。當繩子接近水平方向的時候，往往會無法承受巨大的拉力而斷掉。

　　通俗而言，這個小遊戲實際上就是你和書重力之間的拔河比賽，輸掉的總是遊戲者，而書總會成為贏家。

10、蠟燭做的蹺蹺板

你想得到嗎？蹺蹺板也是一種槓桿。想不想做個另類蹺蹺板？那就一起來操練吧！

遊戲道具

長蠟燭一支，細鐵絲一根，鉗子一把。

遊戲步驟

第一步：剪一段鐵絲，把它燒熱後從蠟燭中部穿過。

第二步：用鐵絲彎成一個支架。

第三步：把蠟燭架在做好的支架上。

第四步：點燃蠟燭的兩頭。

遊戲現象

這時蠟燭就成了一個蹺蹺板，一會兒這頭翹起來，一會兒那頭翹起來，是不是很有趣呀！

科學揭秘

開始時，蹺蹺板的重心正好在它的軸上，兩根蠟燭可以保持平衡狀態。但只要有一端的蠟油落下，重心馬上就會轉移向另一側，而更重一些的，火焰燃燒程度也就更大一些。兩端蠟燭輪流滴下蠟油，重心也隨之不斷從一端向另一端轉移。

11、停留在杯沿上的鈕釦

　　如果你把一顆鈕釦放在茶杯的邊沿上，它必然會一碰到杯邊就立即掉下來。誰也不會相信鈕釦會停留在杯沿上，即使你想在它的上面固定一個重物，但有一個辦法可以讓不可能變為可能。

遊戲道具

　　盛有半杯水的茶杯，兩支叉子，一顆扁平的鈕釦。

遊戲步驟

　　用兩支吃飯用的叉子夾住鈕釦，然後再將它放在杯沿上。

遊戲現象

　　鈕釦就會這樣停留在杯沿上。

科學揭秘

　　叉子曲柄的頂端特別沉重，並半環形繞著茶杯，於是，鈕釦的重心恰好在杯沿的位置，所以這個造型就可以在這裡保持平衡了。

12、踮不起來的腳尖

伸伸手，彎彎腰，踮踮腳尖……看似簡單的動作，卻難倒了許多人。

遊戲道具

一扇門。

遊戲步驟

第一步：將門敞開。

第二步：鼻子、腹部緊貼門邊，雙腳放在門扇兩側，試著用力踮起腳尖。

遊戲現象

你會發現，平時常做的最簡單的墊腳尖動作，竟然無法完成了。

科學揭秘

一個人直立在門扇旁邊的時候，要想踮起腳尖，重心必須要前移，但是豎立著的門扇邊，擋住了你，使你無法完成這個普通的再也不能普通的動作。

$$E = MC2$$

$$Ry = Ay + By + Cy + \ldots = 0$$
$$Rx = Ax + Bx + Cx + \ldots = 0$$

第八節

和力有關的小遊戲

1、無法折斷的小火柴

　　一個力大無窮的壯漢，卻折不斷一根小小的火柴，你認為這可能嗎？可是事實就擺在你面前，不服不行。

遊戲道具

　　小火柴一根。

遊戲規則和步驟

　　將小火柴放在中指的第一個關節背部，食指和無名指各搭著火柴一端向下用力壓，中指向上抬。

遊戲現象

　　無論你怎麼用力，火柴紋絲不動，無法折斷。

科學揭秘

　　從力學角度而言，你的手指並沒有處在槓桿作用的有利位置。

　　大家都知道，槓桿是一種用處很廣的簡單機械。所謂槓桿，就是能繞著固定點轉動的桿。槓桿開始作用時，固定的一點稱之為支點，加力的一點稱之為力點，克服阻力的一點，稱之為重點。從支點到力點的距離，稱之為力臂，或者動力臂；支點到重點之間的距離，稱之為阻力臂，或者重臂。

　　三點兩段間，隨著距離的改變，力的大小也在改變。當阻力臂比動力臂短的時候，我們會感覺很省力。這就是我們為什麼能用撬桿輕鬆將一塊巨石撬起來的緣故。當阻力臂較長的時候，我們會感覺石頭的重量增加了。其實石頭的重量沒有變化，是我們作用到石頭上的力變小了。

　　火柴的支點，處在中指第一個關節處，這麼遠的距離施加力，手指的作用力太小，無法折斷火柴。當火柴移動，靠近手掌一側的時候，手指構成的槓桿動力臂長度增加，就有足夠的力來折斷火柴了。

遊戲提醒

　　玩這個遊戲的時候，不要將手指放在桌子上，或者讓拇指和小指幫忙等等，這些都屬於犯規。

2、四兩撥千斤

　　四兩撥千斤，一般出現在武俠小說中的武術打鬥中。現實生活中也存在這樣的情況，不信你玩玩下面這個遊戲。遊戲建議人數：四人。

遊戲道具

　　竹竿或者長棍子一根，32開的白紙一張。

遊戲步驟

第一步：將白紙放在地上，一個人趴在地上。

第二步：另外三個人一起拿著長棍，直戳地下的白紙。

第三步：趴在地上的人在其他三個人用力下戳的時候，用手杖輕輕將下落的棍子往旁邊推。戳到白紙算三個人贏；戳不到白紙算地下的那個人贏。

遊戲現象

　　儘管三個人六隻手臂的力量，比地下那個人一隻手掌的力量大好多倍，但他們一次也無法戳到白紙，每次都被手掌輕輕一撥，棍子便偏離了白紙。

科學揭秘

　　不同方向的力，起著不同的作用。棍子下戳的力，和把棍子往旁邊推的力量，是相互獨立的。下戳的力儘管力量大，但漂浮在半空中沒有依靠，所以抵擋不住手掌的輕輕一撥。類似的例子在生活中經常遇到：

當吊車吊起數噸重的物體時，一個人站在旁邊就能將它扯動。

同樣，在武術動作中，這樣的應用更是廣泛。迎面來了一記兇猛的

直拳，對方只要用很小的力氣，就能將直拳撥開。

3、以一當十的大力士

常言道：「一夫當關，萬夫莫敵。」在這個遊戲中，你能真正體會到「勇士」的自豪。此遊戲建議人數十個人或者更多。

遊戲規則

十個參加遊戲的人站成一排，一個推一個站好；你自己站在面朝牆根，雙手扶住牆，然後讓你身後的十個人推你。

科學現象：或許你不願意做這個遊戲，因為十個人推你一個人，這似乎太不公平了。但是別忘了，假如你能頂得住十個人的推力，你就成

了大勇士！

　　事實上，這個勇士基本上人人都可以當，因為一般情況下，你總能頂住十個人的推力。

科學揭秘

　　難道你真的是大勇士嗎？給你一個沮喪的答案：不是。

　　其實，這個遊戲裡面蘊含著關於力的科學規律，秘訣十分簡單。每個人所傳遞的力，不能大於自己的力，否則他就頂不住了。大家都站在一條線上，後面的人推前面的人，同時他自身也需要反作用力來對付背後推他的人。假如有一個人的氣力特別大，他可能比身後的人推的更加有力一些，但這也僅僅是他一個人的力。所以，你只要留心站在你後面的人就行了。只要你頂住了他的推力，後面的人再多，你也能頂得住。所以，這個遊戲儘管能讓你享受大勇士的榮耀，但還不能證明你就是大力士。

4、彈子鎖吊起重秤砣

一把彈子鎖，將比自身重十幾倍的大秤砣吊了起來，你認為這可能嗎？此遊戲建議兩個或者兩個以上人玩耍。

遊戲道具

小彈子鎖一把，秤砣一個（重量要比小彈子鎖重），木線軸、繩子（結實，不宜扯斷）。

遊戲規則

不允許用手拉動，讓彈子鎖將秤砣提升一定高度。

遊戲步驟

第一步：將彈子鎖鎖住，繩子牢牢繫在鎖上。

第二步：繩子從木線軸的眼裡面穿過去，牢固系在秤砣上。

第三步：左手拿住秤砣上方的繩子，將秤砣提起來；右手握住木線軸，舉到頭頂上方，開始讓彈子鎖在頭頂旋轉，要讓彈子鎖在空中旋轉的軌跡，和地面平行。隨著彈子鎖旋轉速度的加快，左手放鬆繩子。這時候你會發現什麼？

遊戲現象

比彈子鎖重十幾倍的秤砣，被旋轉著的彈子鎖慢慢提升了上去，輕物品吊起了重物品。

科學揭秘

　　當物體在做圓周運動的時候，比如彈子鎖在空中旋轉，有一種力向離心方向作用，稱之為離心力。通俗而言，離心力就是物體在圓盤上旋轉產生背離圓盤中心的力，比如洗衣機的脫水桶就是使用離心力的原理。

　　輕物品怎麼能將重物品吊起來呢？原來，這是離心力引發的現象。彈子鎖在旋轉過程中，產生了離心力；旋轉的速度越高，離心力也就越大。當離心力大於秤砣的重力時，就能將秤砣提起來了。

5、你能用棍子捅穿薄紙嗎？

這個看起來十分簡單的遊戲，卻會讓你束手無策。不信，試試看。

遊戲道具

薄紙一張（比如柔軟的面紙、衛生紙或餐巾紙等），硬紙板做的長圓筒（比如裝蠟紙的圓筒、裝羽毛球的圓紙筒等），橡皮筋一根，棍子一根，細沙少許（也可用細鹽代替）。

遊戲步驟

第一步：用面紙將紙筒的一端包住，用橡皮筋固定。

第二步：圓筒裡面倒上八公分厚的細沙。

第三步：一手緊握圓筒，一手拿棍子，用力往圓筒裡面捅，看是否能將裹在圓筒外面的薄紙捅破。

遊戲現象

儘管你卯足了勁，你卻無法將薄紙捅破。或許你不甘心，接二連三的試驗，結果還是一樣，薄紙毫髮無傷。

科學揭秘

這是力的傳播在作怪。

當你用力用棍子捅沙子的時候，棍子上的力，由於沙子的阻擋，並沒有完全傳到面紙上去。另一個重要的原因是，沙子之間有很多微小的空隙，當用力用棍子往裡面捅的時候，沙粒之間彼此碰撞，將力傳導分散到四面八方，也就是沙子受力後，將力量分散到圓筒的各個表面，只有很小一部分力到達薄紙上，而這個力，還不足以使薄紙破裂。

自從有了戰爭，發明了槍炮，在陣地上對壘的戰士們，就用沙袋做為掩體，來阻擋高速射來的槍彈，就是利用這個科學原理。

6、難捨難分的濕玻璃杯

兩個空的玻璃杯，沾上水後，為什麼具有如此之大的黏合力呢？科學會給你一個完美的答案。

遊戲道具

同等規格的兩個玻璃杯（口大杯底小的那種）。

遊戲步驟

第一步：將兩個玻璃杯套在一起。

第二步：套在外面的玻璃杯杯口淋上一點水，使兩個玻璃杯之間形成一層超薄的水膜。

第三步：試著將兩個玻璃杯拔開。

遊戲現象

儘管你對自己的力氣充滿信心，可是現實情況給了你沮喪的答案：任你用多大的力氣，兩個杯子就像用神力膠黏貼在一起似的，牢不可破，難以分開。

科學揭秘

要解釋這種現象，需要明白什麼是內聚力，什麼是附著力。內聚力是在同種物質內部相鄰各部分之間的相互吸引力；附著力是兩種不同物質接觸部分的相互吸引力。

水分子之間聚合在一起，產生了內聚力；水和玻璃之間相互吸引，

產生了附著力。兩個濕杯子緊緊套在一起，兩種力結合起來，具有了極大的黏合力，所以難捨難分。

　　怎樣才能將兩個杯子分開呢？往裡面的杯子灑一些冷水，外面的杯子在熱水裡浸一下，立刻拔，兩個杯子就輕鬆分開了。這是因為熱脹冷縮，裡面的杯子收縮，外面的杯子膨脹，雖然熱脹冷縮極其細微，但是破壞了水分子和玻璃之間的黏合力。需要注意的是，拔開杯子的動作要快，否則兩個杯子會黏合得更加牢固。

7、你能將紙撕開嗎？

一張薄紙，你卻無法按照你的意志來左右它。在自然界，任何事物都要遵循科學規律，否則將難以達到目的。

遊戲道具

白紙一張，剪刀一把。

遊戲步驟

第一步：將白紙折成三等分，沿著兩道折痕，分別用剪刀剪開，但不要
剪斷，連接部分要留出三公分左右的長度。

第二步：雙手拿住白紙連接部分，用力撕，看能不能一下子將這個白紙
撕為三片。

遊戲現象

不管你動作多快，力氣多大，你無法將這張脆弱的薄紙撕成三片。

科學揭秘

在破壞性的運動中，力的作用點，總是尋找物體最薄弱的地方。白
紙的兩個剪口就是受力點。雖然表面看來，兩個剪口沒有什麼區別，但
實際上是有差別的。當我們用力撕扯的時候，兩個剪口中較為堅固的剪
口沒有被撕壞，較為薄弱的剪口受力開裂。一旦開裂，後續撕扯的力量
都會作用到這一點，直到剪口完全撕開。所以一次將薄紙撕成三片是無
法做到的。

8、被難倒的大力士

兩個大力士，卻無法將一個體重正常的人抬起來，你知道這是為什麼嗎？

遊戲規則

身體直立站好，雙手各自搭在手臂同側的肩膀上，手臂儘量和地面保持水平。請兩個力氣大的人，托住你的手肘，看他們能否將你抬起來。

遊戲現象

　　在做這個遊戲之前，兩名大力士一定信誓旦旦地認為，這還不容易嗎！可是事實讓他們失去了顏面：無論他們怎麼用力，也無法將你抬起來。

科學揭秘

　　兩個和地面水平的手肘，是大力士敗北的關鍵。因為兩個手肘遠離人體的重心，所以無法將你抬起來。如果手肘收回身體兩側，兩人就能輕而易舉地將你抬起來了。

　　手肘距離身體的重心越遠，所需要用來克服體重阻力的力氣也就越大。就這麼短短的一段距離，竟然讓兩個大力士束手無策，你就像受了孫悟空的定身術一樣，牢牢站立在地面毫不動搖。

9、失而復返的盒子

　　用罐頭可以製作出很多有趣的小玩具。對於圓筒式的罐頭，一般而又簡易的玩法是比賽誰將它滾動的最遠，但這種玩法簡單枯燥。因為在滾動罐頭的時候，除了掌握好正確的姿勢之外，剩下的就是比力氣了。在這個遊戲中，我們對罐頭做了一個小小的改變，誰投擲的東西能自動返回，誰就是優勝者。透過這個遊戲，你可以管窺運動的神奇魔力。此遊戲建議人數：兩人或者兩人以上。

遊戲道具

　　每人一個圓柱形罐頭，每人一根橡皮筋，繩子數段，釘子一枚，螺絲帽少許。

遊戲步驟

第一步：將罐頭側邊用剪刀剪開一個小口；用釘子在罐頭的底部和頂部，各穿兩個小孔。

第二步：將橡皮筋穿進小孔中，透過側邊的小口，將一根橡皮筋上面懸掛一個螺絲帽之類的重物。

第三步：將罐頭放在地上，向前滾動，觀察現象。

遊戲現象

　　罐頭滾動一段距離後就會停下來，然後往回滾動。

科學揭秘

　　不明真相的人，一定認為這個罐頭具有神奇的魔力。說白了很簡單：因為螺絲帽重力比較大，而且懸掛在懸垂點的下面，所以不能隨著罐頭一起做圓周轉動，只能將橡皮筋纏繞起來。當橡皮筋纏繞到一定極限的時候，罐頭也就停止了滾動。緊接著，蓄積在橡皮筋上面的能量，致使橡皮筋反彈。反彈的力量使得螺絲帽有了大幅度的擺動，推動罐頭往回翻滾。

3

第三章
神奇的生物世界

1、氧氣製造工廠

　　人類居住的地方，為什麼喜歡多種樹、多種草呢？因為植物能吸收空氣中的二氧化碳氣體和其他污染物，淨化空氣，釋放出氧氣，增加空氣中的含氧量。

　　植物是怎樣製造氧氣的呢？下面這個遊戲可以讓你看到最直觀的氧氣製造過程。

遊戲道具

　　一段水草（或其他水生植物的枝葉），臉盆一個，透明的玻璃杯一個，清水適量。

遊戲步驟

第一步： 將臉盆裡面裝滿清水。

第二步： 玻璃杯內放入水草，裝滿清水。

第三步： 塑膠卡片或者硬紙板將玻璃杯口封住，倒扣進臉盆裡面。

第四步： 將臉盆放進陽光充足的地方，觀察現象。

遊戲現象

你會看見，水草的葉子上聚集了很多小氣泡，小氣泡不斷升高，一直到了玻璃杯的液面上部。

科學揭秘

這些小氣泡裡面，充滿了氧氣。

這就是綠色植物釋放氧氣的最直觀過程。和地面上的綠色植物一樣，水中的綠色植物同樣能夠釋放出氧氣，這更有利於我們進行科學觀察。

植物製造氧氣，是進行光合作用的一個環節。光合作用（Photosynthesis）是植物、藻類和某些細菌利用葉綠素，在可見光的照射下，將二氧化碳和水轉化為有機物，並釋放出氧氣的生化過程。植物之所以被稱為食物鏈的生產者，是因為它們能夠透過光合作用利用無機物生產有機物並且貯存能量。透過食用，食物鏈的消費者可以吸收到植物所貯存的能量，效率為30%左右。沒有綠色植物，動物和人就無法生存。

和植物的光合作用相反的是，人類將含有氧氣的空氣吸入到肺部，傳導入血液，然後進行一系列的化學反應，最後排出廢氣──二氧化碳，然後，植物利用光合作用消耗我們呼出的二氧化碳。光合作用對於地球上的碳氧循環，起著至關重要的作用。

2、呼吸著的綠葉植物

　　在上一個遊戲中我們知道，植物進行光合作用的時候，吸入二氧化碳，呼出氧氣，有人認為將植物放在臥室中，就能保持空氣清新，增加居室內的含氧量。你認為這樣做符合科學原理嗎？

遊戲道具

　　可以密封的箱子一個，綠葉植物一株（比如體型較小的花兒等）。

遊戲步驟

第一步：將綠葉植物放入箱子中，將箱子密封（比如用稀泥將箱子的縫隙塗抹住；或者用塑膠布在外面罩住，用繩子綁結實等）。

第二步：綠葉植物在箱子內放置四十八個小時後，點燃一根蠟燭，迅速將蠟燭放入箱子內，觀察現象。

遊戲現象

蠟燭很快熄滅了。

科學揭秘

蠟燭之所以熄滅，是因為箱子裡面缺乏足夠的氧氣。原來，植物和我們大多數生物一樣，時時刻刻都在進行呼吸。植物的呼吸和人類的呼吸所不同的是，人類的呼吸總是吸入氧氣，呼出二氧化碳；而植物的呼吸則是白天吸入二氧化碳，在光合作用下釋放出大量氧氣；而到了晚上，光合作用停止，植物則吸入氧氣，呼出二氧化碳了。

綠葉植物將箱子內的氧氣消耗盡了，所以蠟燭在裡面無法燃燒。

3、小瓶子裡的大蘋果

卡蒂七歲生日那天，身為生物學家的父親，送給了卡蒂一個奇特的生日禮物：一個小口圓肚玻璃瓶內，有一個又大又紅的蘋果。卡蒂拿著這個奇特的生日禮物向夥伴們炫耀，夥伴們紛紛問卡蒂：妳爸爸是怎樣將蘋果放進瓶子裡的呢？卡蒂說：我爸爸用了一個奇妙的方法。你知道這個方法嗎？提示一下：這個方法需要智慧和耐心哦。

遊戲道具

一個小口大肚子的玻璃瓶，一棵蘋果樹。

遊戲步驟

要想給朋友們一個驚喜，的確需要耐心。拿著玻璃瓶走近果園，選擇一個長著蘋果的粗枝條，小心翼翼地將蘋果塞進瓶子裡。選擇的蘋果

不能太大，否則難以裝進瓶子。然後用繩子將瓶子綁在果樹上，大自然
會給你一個驚喜的！

遊戲現象

幾個月後，到了蘋果成熟的季節，你會發現小口大肚的瓶子裡面，
生出了一個又大又圓的蘋果。

科學揭秘

這似乎沒有什麼秘密，就是一個果實正常的生長過程，只要那個瓶
子透明，能讓瓶子內的蘋果正常採光，蘋果都會健康生長。如果你想在
蘋果上留下祝福語，也很簡單：將菸盒裡面的鋁箔剪成你想要的詞語或
者圖案，用膠水黏貼在未成熟的蘋果上。等蘋果紅透的時候，揭下鋁
箔，你會發現陽光給你在蘋果上留下了字跡圖案。當然囉！聰明的你一
定會將這個技巧運用在其他水果上，甚至苦瓜等植物。

4、雞蛋殼的滲透觀察

　　所謂滲透，指的是低濃度溶液中的水或其他溶液，透過半透性膜進入較高濃度溶液中的現象。植物細胞中的原生質膜、液泡膜都是半透性膜。植物的根主要靠滲透作用從土壤中吸收水分和礦物質等。

　　下面這個小遊戲，能讓你直觀地感覺到滲透的科學過程。如果你將遊戲中的雞蛋，想像成植物的根，你可以直觀觀察到，植物根部是怎樣吸收土壤中的營養的。

遊戲道具

　　透明的細玻璃管或者塑膠管一根，小刀或者釘子一根，蠟燭一根，新鮮雞蛋一個，玻璃杯一個。

遊戲步驟

第一步：用小刀或者釘子，剝去一小塊雞蛋皮，注意別損傷雞蛋內部的薄膜。

第二步：在雞蛋的另一端用針扎開一個小孔，將塑膠管插到雞蛋蛋液中去，至少需要插進去兩公分。

第三步：點燃蠟燭，將插著塑膠管的雞蛋小孔處，滴幾滴蠟油，將小孔密封，別讓空氣或水分滲進去。

第四步：玻璃杯內裝上四分之三的水，將雞蛋放進去，插著管子的一頭朝上，隨後觀察現象。

遊戲現象

你會看到雞蛋裡面的蛋液慢慢上升到了塑膠管內；幾小時或者幾天後，蛋液進入管子，越升越高，甚至溢了出來。

科學揭秘

這是因為杯子中的水，滲入到了雞蛋之中。有人或許要問，雞蛋蛋液和水之間，不是有雞蛋膜隔開的嗎？杯子裡面的水怎麼還能進入到雞蛋裡面去了呢？這就是滲透。雞蛋的薄膜上面，分佈著很多微小的孔，這些小孔能讓細小的水分子通過，並且進入到雞蛋內部；但是，分子較大的蛋液，卻無法通過雞蛋膜進入到水裡面。雞蛋膜就像植物細胞中的原生質膜、液泡膜一樣，是一層「半透性膜」。當水源源不斷滲入到雞蛋中時，蛋液的體積就會增加膨脹，隨著管子溢出了雞蛋殼。

5、水往何處去？

　　水往低處流，鳥往高處飛，這似乎是一成不變的定律。但在科學面前，這樣的定律似乎站不住腳——水也能往高處流。請看下面的這個小遊戲。

遊戲道具

　　粗纖維的蔬菜一把（比如芹菜），玻璃瓶一個，清水適量，紅墨水或藍墨水少許。

遊戲步驟

第一步：將清水倒進玻璃瓶內，滴入墨水，讓清水染色。

第二步：將粗纖維的植物（比如芹菜）放入玻璃瓶內，放在溫暖向陽的地方，隔段時間觀察現象。

遊戲現象

　　幾個小時後，你會發現粗纖維植物的梗和葉子，出現了被墨水的顏色。

科學揭秘

這是因為玻璃瓶中的水往高處走的緣故。

以芹菜為例。將芹菜切開，你會看到裡面有很多細如毛髮的小管子。水就是透過這樣的小管子流到芹菜梗和葉子上面的，就像被吸管吸上去的一樣，這種現象被稱為「毛細現象」。毛細現象的正確概念是：浸潤液體在細管裡升高的現象和不浸潤液體在細管裡降低的現象，叫做毛細現象，能夠產生明顯毛細現象的管叫做毛細管。芹菜切面上的管子，就是毛細管。

毛細現象在生物界、自然界和生產領域有著廣泛的應用。比如植物就是利用毛細現象，從土壤中吸取水分，將水分一直輸送到枝葉上去。磚塊吸水、毛巾吸汗、毛筆吸墨水都是常見的毛細現象。在這些物體中有許多細小的孔道，起著毛細管的作用。

水沿毛細管上升的現象，對農業生產的影響很大。土壤裡有很多毛細管，地下的水分經常沿著這些毛細管上升到地面上來。如果要保存地下的水分，就應當鋤鬆地面的土壤，破壞土壤表層的毛細管，以減少水分的蒸發。

有些情況下毛細現象是有害的。例如建築房屋的時候，在　實的地基中毛細管又多又細，它們會把土壤中的水分引上來，使得室內潮濕。蓋房子時在地基上面舖油氈，就是為了防止毛細現象造成的潮濕。

6、豆芽根對地心的「癡情」

一般人認為，植物是沒有感情的。可是在下面的這個科學小遊戲中，我們可觀察到植物根部對地心那種獨特的「癡情」。

遊戲道具

兩塊玻璃板，兩條根橡皮筋，發芽的豌豆，臉盆一個，細棉布一塊。

遊戲步驟

第一步：在兩塊玻璃板中間舖好細棉布和發芽的豌豆，用橡皮筋固定。

第二步：將玻璃板放入盛水的盆子裡，放置在陽光充足的地方。

第三步：每天調換玻璃板的角度，觀察現象。

遊戲現象

你會發現，無論玻璃板的角度如何調整，豆芽根總是向下生長，無論生長的路線多麼曲折，總不放棄對地心的追求。

科學揭秘

事實上，所有的植物對地心情有獨鍾，它們的根部永遠朝著地心的方向生長。只要你仔細觀察，你會發現在山坡上生長的植物，根部的方向是朝著地心生長的，而不是沿著山體的方向。這說明植物具有定向運動的特點，這和地心的巨大引力是有關係的。

7、迷失方向的根鬚

在剛才的遊戲中，我們知道植物是具有「向地性」的。影響植物向地性的因素，除了地心引力之外，還有哪些因素呢？

遊戲道具

玉米種子數粒，細沙土適量。

遊戲步驟

第一步：將細沙土濕潤，放入玉米種子，保持濕潤的條件和適宜的溫度。

第二步：種子長出一兩公分長的根時，取出其中兩株，將其中一個玉米的根尖切除，然後水平放置，過幾天後觀察現象。

遊戲現象

幾天後，被切除根尖的玉米根，似乎迷失了方向，開始沿著水平線方向生長了；而另一個沒有切除根尖的玉米根，自動向下彎曲生長。

科學揭秘

植物的根都有向地性，它們都能夠感受重力的作用。所以即便水平放置，也會自動尋找地心的方向，彎曲向下生長。

感受地球重力、控制根向下生長的指揮部，在根的根冠。根冠根據重力方向的變化，分泌生長素，來控制根的生長。所以當根部的根冠切除後，根的生長也就迷失了方向，不再向下生長了。

8、種子發芽和呼吸

　　科學研究認為，種子發芽的時候，就像人類一樣是需要進行呼吸的。種子是怎樣進行呼吸的呢？下面這個科學小遊戲，可以讓你直觀感受種子的呼吸。

遊戲道具

　　大玻璃瓶一個，乾燥的玉米、小麥或者大豆種子，水杯一個，開口的小玻璃瓶，氫氧化鈉溶液，軟木塞，凡士林，紅墨水，塑膠軟管。

遊戲道具

第一步：大瓶子內裝上種子，約占玻璃瓶的三分之一。

第二步：將氫氧化鈉溶液裝進小瓶子裡面，放到大瓶子的種子上面。用軟木塞或者香蕉皮塞住大瓶口，在縫隙處抹上凡士林，使之密封，避免漏氣。

第三步：大瓶塞上鑽一個小孔，插入一根透明的塑膠管，在塑膠管和瓶塞介面處抹上凡士林或者滴上蠟油，使之密封，避免漏氣。

第四步：塑膠管的另一端通入水杯內，水杯內裝滿清水，滴入紅墨水，
　　　　幾天後觀察現象。

遊戲現象

你會看到水杯內的紅色水，沿著塑膠管不斷上升，隨著天數的增加，紅水被塑膠管越吸越高，進入了大瓶子內。

科學揭秘

水杯內的紅水，為什麼能沿著塑膠管上升呢？

這是因為大瓶子內的種子在進行呼吸。種子的呼吸過程，就是吸收空氣中的氧氣，呼出二氧化碳。容器內的種子呼出的二氧化碳，被小瓶子內的氫氧化鈉溶液吸收。所以大瓶子內的空氣密度降低，氣壓減弱，大瓶子內的氣壓，小於外界氣壓，所以水杯內的水就隨著塑膠管升高了。

一般狀態下，越是乾燥的種子，呼吸越微弱，生命力也就越持久；潮濕的種子富含大量水分，呼吸十分旺盛，也就很容易失去生命力。

不同植物的種子，壽命期限也不一樣。垂柳的種子成熟後，超過十二小時就失去了發芽的能力，而有些植物的種子，發芽壽命是很高的。在中國遼寧普蘭店，生物學家發現了一粒古代的蓮子，根據研究認定，這枚古蓮子大約成熟於1000年以前。不久，古蓮子被移送到北京植物園內，發芽生長了。

9、種子萌芽需要陽光嗎？

一個種子在萌芽過程中，需要陽光嗎？下面這個科學小遊戲，可以給予合理的解釋。

遊戲道具

兩個盤子，細沙適量，麥子十幾粒，黑盒子一個。

遊戲步驟

第一步：兩個盤子中放入細沙少許，加水使之濕潤。

第二步：每個盤子放入幾個麥子，一個盤子放在陽光充足的地方，另一個盤子放在沒有陽光的地方，或者用黑盒子蓋住。

第三步：兩個盤子中的麥子保持濕潤，直到遊戲結束。

遊戲現象

你會發現，種子在萌發過程中，和陽光沒有太大的關係，兩盤麥子的萌發情況沒有區別。

科學揭秘

種子在適宜的環境下，慢慢發芽，生長成一株幼苗，這就是種子萌發的過程。

種子萌發的養分，來自於種子內部所貯藏的養料，不需要進行光合作用，所以不需要陽光。水、空氣和適宜的溫度，是種子萌發的三個主要條件。

當然也有特殊情況。某些種子具有特殊性質，在沒有陽光的環境下，萌發的情況會稍微差一些。

10、蝸牛的速度

在動物的行走速度中,蝸牛是比較慢的,下面這個小遊戲讓我們走近蝸牛,來看看蝸牛是怎樣行走的。

遊戲道具

透明玻璃板一個,注意不要太厚,蝸牛一隻。

遊戲步驟

將蝸牛放在玻璃板上,從玻璃下面觀看蝸牛是怎樣行走的。

遊戲現象

你可以看到蝸牛在玻璃上留下的條狀的足跡陰影。

科學揭秘

蝸牛爬行時是按照均勻的速度、透過肌肉的收縮向前運動的。在運動過程中,蝸牛的前部分向前推,後部分向前拉。用計時器觀察蝸牛的爬行速度,可以得出蝸牛的爬行速度為每分鐘十二公分。

蝸牛喜歡在陰暗潮濕、疏鬆多腐質的環境中生活,晝伏夜出,最怕陽光直射,對環境反應敏感。所以在潮濕的草叢中、菜園裡或者葡萄園中,比較容易找的到蝸牛。

11、刀鋒上爬行的蝸牛

蝸牛和地面接觸的部位是很柔軟的。假如一隻蝸牛在鋒利的刀鋒上爬行，刀鋒會傷害蝸牛柔軟的腹部嗎？

遊戲道具

蝸牛一隻，刮鬍刀片一個。

遊戲步驟

將刀片立起來，蝸牛放到刀口上，讓牠向前爬動，觀察現象。

遊戲現象

你會發現蝸牛在鋒利的刀口上慢吞吞地閒庭信步，安然無恙。

科學揭秘

為什麼鋒利的刀口，無法傷及蝸牛柔軟的腹部呢？這是因為蝸牛的腳上有很多腺體，不斷排放出黏液，黏液能將刀口等蝸牛爬行過的一切路徑舖滿，蝸牛實際上是在黏液上滑行的，所以無論粗糙的地面，還是鋒利的刀口，都無法使蝸牛受傷。

12、螞蟻的膽量

一個小小的惡作劇，引起了螞蟻的慌亂，螞蟻的膽子，真的這麼小嗎？

遊戲道具

螞蟻一隻。

遊戲步驟

尋找在洞口遊走的螞蟻，對著螞蟻吹氣，觀察現象。

遊戲現象

不一會兒你會發現，螞蟻變得慌亂無比。又過了一會兒，洞口聚集了大量驚恐不安的螞蟻，牠們慌慌張張地爬來爬去。兩分鐘之後，當你停止對螞蟻呼氣後，螞蟻迅速地恢復了正常。反覆重複和螞蟻的這個小玩笑，你會看到螞蟻的表現，都是一樣的。

科學揭秘

螞蟻膽子真的就這麼小嗎？非也。科學研究發現，螞蟻的觸覺十分靈敏，當我們對螞蟻呼氣時，大量噴出的二氧化碳觸動了螞蟻的身體，螞蟻靈敏的觸覺迅速感受到了二氧化碳對牠們的威脅（人體排出的二氧化碳氣體，會對螞蟻造成一定的威脅）。於是，牠們用獨特的方式傳遞信號，當其他螞蟻得到這個信號後，也會變得驚恐不安。當我們停止對螞蟻的呼氣時，螞蟻那種被威脅的感覺消失，於是回到了常態。

13、復活了的蒼蠅

　　蒼蠅的生命力極強，不信你看下面蒼蠅的復活本領。

遊戲道具

　　室內飛行的蒼蠅一隻，清水適量，食鹽少許。

遊戲步驟

第一步：將蒼蠅放入水中，幾分鐘後觀察現象。

第二步：把蒼蠅從水中撈出來，用乾燥的食鹽將其埋起來，二十分鐘後
　　　　　觀察現象。

遊戲現象

第一步，蒼蠅沒有了任何生命特徵，就如同窒息身亡似的；第二步，蒼蠅復活了，牠蠕動身體，從鹽堆中爬了出來，飛走了。

科學揭秘

掉在水裡面的蒼蠅並沒有死亡，而是暫時休克了。在蒼蠅的翅膀、腿部和身體的其他部位，佈滿了無數個細微的呼吸管。水將蒼蠅的呼吸管塞滿，蒼蠅失去氧氣的供應，暫時休克。

乾燥的鹽具有吸潮的能力，將蒼蠅呼吸管內的水分吸了出來，蒼蠅恢復了供氧，復活了。

遊戲提醒

遊戲完畢後注意反覆清洗雙手。

14、摔不死的螞蟻

一隻螞蟻居然搬了一小個麵包，想從花盆邊沿悄悄溜走，可是牠做夢也沒想到，竟失足從花盆邊沿掉了下去！

「哎，這個獨立的小傢伙就這麼死了，真是可惜呀！」

當你想拾起小螞蟻將牠在花盆裡安葬時，卻發現螞蟻還沒有死，正在往陽台上面爬呢！這是怎麼回事？難道螞蟻從高處掉下來不會摔死嗎？為了弄明白螞蟻摔不死的原因，我們來做了個小實驗。

遊戲道具

蟎蟻一隻。

遊戲步驟

用牙籤在花盆邊上引來一隻蟎蟻，把牠帶到書桌上，輕輕地抖落蟎蟻。

遊戲現象

落在地上的蟎蟻安然無恙，絲毫不受傷害，小小的蟎蟻還是那樣一副沉著冷靜的樣子。「不行，再高一點。」第二次結果還是一樣。第三次，第四次……蟎蟻還是繼續向前爬，唯一不同的是離地面距離高一些，牠在地上不動的時間稍微長一點。

科學揭秘

任何物體在空氣中運動時都會受到空氣的阻力，受到空氣阻力越大，物體下落的速度就越慢。蟎蟻身體很輕，受到的空氣阻力相對較大，而且蟎蟻在下落時，六隻腳總在不停地擺動，致使蟎蟻在空中停留的時間變長了。這樣當牠落地時速度還是很小，所以蟎蟻受到地面的撞擊力也很小，蟎蟻當然就摔不死了。

15、走出「迷宮」的牽牛花

　　有些植物具有獨特的探路本領。假如你將它關在一個曲折的暗室中，它總能夠找到擺脫黑暗的陽關大道。

遊戲道具

　　牽牛花種子數粒，紙盒子一個。

遊戲步驟

第一步：紙盒子內用小紙板隔斷成幾個小房間，然後每個房間交錯打通，形成一個路徑曲折的暗道。在暗道的頂端開一個天窗。

第二步：將牽牛花種子種在花盆裡，生長成幼苗後移入紙盒子，數天後觀察現象。

遊戲現象

　　大約一星期後，你會發現牽牛花幼苗巧妙地穿過了暗室中的通道，從天窗探出頭來。

科學揭秘

　　原來，植物對於光線具有特別的感情，總是朝著陽光生長。牽牛花勇敢的追逐陽光，所以能克服重重困難，透過暗室中的通道，到天窗上尋找陽光。植物在發育生長過程中受陽光照射的影響會朝著陽光射來的方向生長，我們稱之為「向光性」。

　　牽牛花為什麼能穿過暗室內蜿蜒曲折的通道，尋找到天窗上的陽光

呢？這是因為在每個植物的細胞內，都含有一種生長素，這種生長素對光線十分敏感，能夠控制植物的生長發育方向。

16、雙色花

　　一朵鮮花兩種顏色，不是基因改變了，只是做了一個小小的「手術」而已。親手操作一下，很容易的哦！

遊戲道具

　　綠色和紅色的鋼筆水，一支開白花的花梗，刀片，兩個小玻璃試管，玻璃杯。

遊戲步驟

第一步：用清水稀釋綠色和紅色的鋼筆水，各灌入一個小玻璃試管中，
然後把兩個試管置入一個玻璃杯裡。

第二步：把一支開白花的花梗（例如玫瑰花或丁香花）切開，把切開的
兩支花梗末梢分別放入兩個玻璃管中。

遊戲現象

花梗很快就會改變顏色，只要幾個小時，花朵就會變成一半為紅一
半為綠的雙色奇花。

科學揭秘

有色液體順著花梗上平時從根部吸取水分和營養的毛細管上升，顏
色最後停留在花瓣上，而其中的液體則透過孔隙散發到外面。

4

第四章

和人體有關的小遊戲

1、被吹起來的帽子

對著鏡子，隨便吹口氣，旁邊站著的人的帽子就能騰空而起，好大的「口氣」！

遊戲道具

穿衣鏡一面，帽子一頂。

遊戲步驟

第一步：這個遊戲需要兩個人來完成。其中一個人站在鏡子邊上，臉靠近鏡子，貼在鏡子上，閉上雙眼。

第二步：另一個人站到鏡子的豎邊上，鏡子的豎邊將其分成兩部分，一部分在鏡子前，一部分在鏡子後。

第三步：站在鏡子豎邊的人帶上一頂帽子，然後讓站在鏡子前面的人睜開眼睛，並且説道：「請看，我的雙臂平伸到身體兩側了，請你對著我的帽子吹口氣！」

第四步：站在鏡子前面的人對著帽子吹氣，觀察現象。

遊戲現象

帽子騰空而起，又落到了腦袋上。

科學揭秘

這個小遊戲利用了平面鏡成像時，物象對稱的特點。站在鏡子前面的人，從鏡子中看到戴帽子人的雙臂平伸起來了。他所看到的，一半是

實體，一半是鏡像。實際上，戴帽子者只伸直了一隻手臂，但根據物象對稱的規律，人們在鏡子中看到了兩隻舉起的手臂。戴帽子者的另一隻手臂將帽子舉了起來，好像是吹氣者吹起來的。由於吹氣者臉部緊貼著鏡子，是看不到戴帽子者用一隻手來拿起帽子這個動作的。

2、快速下落的鈔票

　　你總是不服氣，喊著：「再來再來！」可是你卻一次又一次輸掉了。看著這個遊戲的科學分析，你會恍然大悟。此遊戲建議人數兩人，當然多幾個旁觀者更好，增加遊戲的氣氛嘛。

遊戲道具

　　紙幣一張。

遊戲步驟

第一步：將鈔票對折，請一個人用拇指和食指夾住鈔票，鈔票呈豎立狀。

第二步：你的拇指和食指，放在鈔票的兩邊。

第三步：對方鬆手，你試著將鈔票夾住。

遊戲現象

　　如果不出意外情況，你一次也無法將落下的鈔票夾住。無論試驗幾次，你怎麼加快動作，總是遲緩一步。這是一個手不及眼快的經典案例。

科學揭秘

假如我們將抓東西這個動作，分解成一個慢鏡頭：

鏡頭一：眼睛看見鈔票落下。

鏡頭二：眼睛將看到的鈔票反映到大腦。

鏡頭三：大腦向手指發出「接住它」的指令。

鏡頭四：手指開始動作。

但是，這個過程實在太「漫長」了，當手指接到大腦指令的時候，鈔票已經落下，手指已經無法接住了。這個過程雖然不到一秒鐘，但是經過了四道程序。

也有一種特殊的情況，你的手指能接到鈔票，就是你一人身兼兩職：一手拿鈔票，一手接鈔票。在這種情況下，你對自己本身的動作會有一個預測，有一個感覺，會在潛意識裡面調節雙手的動作，去自動接落下的鈔票。當你的手處於鬆開之前時，大腦會給另一隻手發出「接住它」的指令。這靠的是感覺，而不是視覺。不信，你閉上眼睛試一試，照樣能做得到。

3、無法觸碰的鉛筆尖

　　常言道：「眼見為真。」人們總相信自己親眼所看到的東西，但親眼看到的東西未必正確，下面這個遊戲能驗證這一道理。

遊戲道具

　　兩枝削尖了的鉛筆。

遊戲步驟

第一步： 一手拿一枝鉛筆，使它們筆尖相對，相距六十公分。

第二步： 雙手抬高到眼睛的高度，閉上一隻眼睛，試著讓兩個鉛筆尖觸碰，動作要快。

遊戲現象

令你感到沮喪的是，無論你怎麼用心，兩個鉛筆尖總是無法碰到一起。

科學揭秘

這個遊戲說明，眼睛未必是可靠的。平時我們用兩隻眼睛去觀察事物的時候，物體具有立體感，眼睛可以較為準確地測量到人和物體之間的距離。閉上一隻眼睛後，兩隻眼睛同時看物體的視覺優勢就消失了，物體的距離感難以精確感知，所以，很難將兩枝鉛筆尖相觸碰。

但是，只要進行反覆練習，學會在新情況下自我調節雙手動作，閉上一隻眼睛後，是可以使兩枝鉛筆尖相觸碰的。

4、冷熱難分

　　有時候，人們的感覺會給你指引正確的方向；但是感覺也有失調的時候，請看下面這個遊戲。

遊戲道具

　　大碗三個，冷水適量，熱水適量，和室溫接近的溫水適量。

遊戲步驟

第一步：一個大碗裝上冷水，一個大碗裝熱水，另一個大碗裝溫水。

第二步：兩隻手分別在冷水和熱水中浸泡三分鐘。

第三步：然後將兩隻手放到溫水中，感覺現象。

遊戲現象

你是否無法分辨，這碗和室溫等同的水，到底是熱水還是冷水了呢？

科學揭秘

這是因為你的身體裡面有了「冷」和「熱」兩種不同的信號。大腦從冷手、熱手收集到了兩個矛盾的資訊，一個資訊告訴大腦：這碗（溫水）是冷的；而另一個資訊則告訴大腦：這碗（溫水）是熱的。大腦受到矛盾資訊的干擾，無法做出正確的判斷。

冷和熱，都是一個相對的概念，是以某種參照物做為基礎的。在這個遊戲中，溫水面臨著兩個參照物，一個是熱水，一個是冷水，所以我們無法感知這盆溫水到底是熱，還是冷了。

5、連續拉響的手指

　　或許你能將手指關節拉的嘎嘎脆響，但你卻未必能在五分鐘之內連續拉響同一個手指關節，不信？立刻試試。

遊戲道具

　　計時器一個。

遊戲步驟

第一步：先將手指某一個關節拉響。

第二步：聽不見響聲的時候開始計時，五分鐘之內，試著再拉剛才發出

響聲的那個關節。

遊戲現象

你會發現，同一個關節是無法在五分鐘之內連續響兩次的。

科學揭秘

人的手指關節為什麼能夠發出嘎嘎的脆響？一般人認為這是那人力氣大的緣故，其實並非如此。人的手指關節之所以發出脆響，是因為關節內有一定量的液體，少量氣體溶解在液體中，當手指關節受到拉伸時，關節內的液體受到的壓力驟然減小，溶解在液體內的氣體冒了出來，發出了脆響。這種現象就和我們打開汽水瓶蓋所發出的聲音一樣。

但是，手指關節中的氣體，無法跑到其他地方。大約十五分鐘後，手指關節中的液體再次將氣體吸收，你就又可以拉動手指關節，傾聽嘎嘎的脆響了。所以，一般情況下，一個人要想在五分鐘之內讓同一個手指關節連續脆響兩次，是很難辦到的。

6、細微顫抖的肌肉

　　人體蘊藏著好多你所不知道的秘密，比如人們的肌肉經常處於收縮和放鬆的變化中，下面這個遊戲可以讓你清楚地看到肌肉的顫抖。

遊戲道具

　　迴紋針一個，水果刀一把。

遊戲步驟

第一步：將迴紋針弄直，彎成「V」字型。

第二步：將「V」字型的迴紋針放在刀背上，將刀舉到桌面上，讓迴紋針的兩隻腳輕輕擱在桌子上。注意拿刀的手不要放在桌子上，或者靠著任何東西。

第三步：你試圖讓曲別針保持不動，觀察現象。

遊戲現象

　　事實上，讓迴紋針保持不動很難做得到，那個「V」字型的迴紋針一直在動。你越是設法用力讓手穩住不動，「V」字型的迴紋針在刀背上越是運動的厲害，就像走路似的。

科學揭秘

　　原來，人的手部肌肉，時常處於「收縮——放鬆——收縮——再放鬆」這樣的循環狀態，時刻交替變化著。這種交替變化，導致肌肉時刻處於一種輕微顫動的情形中。會走路的「V」字型，實際上將這種肌肉

的抖動給放大了。你越是想用手將抖動的迴紋針控制住，手上用的力也
就越大，各部分肌肉緊張和鬆弛的狀態差別也就越大，手的顫動也就更
加明顯了。

7、無法落地的硬幣

　　一枚硬幣夾在兩根手指之間，你卻沒有辦法讓它落地，知道這是為什麼嗎？

遊戲道具

　　硬幣一枚。

遊戲步驟

第一步：雙肘支在桌子上，雙掌合十，放在距離鼻子十五公分左右的地方。

第二步：兩隻手的無名指指肚相對，其他手指彎起來，指關節相對。

第三步：讓旁邊的人將硬幣放在你的兩根無名指指肚之間，你試著將兩根手指分開，讓硬幣落下。

遊戲現象

　　無論你怎樣用力，兩根無名指就像膠水黏合、電焊焊接一樣，牢牢地在一起無法分開。

科學揭秘

　　這是因為，人的無名指是不可以自己運動的，必須要受到其他手指的牽制，才能運動。生理學家發現，人的無名指受到韌帶的牽連，和其他手指關係密切，中指對無名指的牽制最大。中指不運動，無名指也就不能動彈了。所以，硬幣卡在兩根無名指之間，掉不下來了。

　　但是也有特例。一些人手上的韌帶特別長，無名指可不受其他手指的限制而自由運動，比如鋼琴演奏者，他們的手韌帶都是很長的。但是當食指、中指和小指關節緊緊挨在一起的時候，即便是鋼琴家，也無法讓無名指自由運動了。

遊戲提醒

　　無名指不允許滑動，否則屬於違規。

8、揭秘胃是如何消化食物的

　　我們所進食的一日三餐，需要勤勞的胃來消化分解。那麼，胃是怎樣消化食物的呢？

遊戲道具

　　玻璃瓶兩個，煮熟的雞蛋兩個（帶殼），溫水適量，勺子一把，標籤兩個，普通清潔劑適量，鉛筆一枝，含酶的生物清潔劑少量。

遊戲步驟

第一步：兩個玻璃瓶內分別放入少量普通清潔劑和含酶的生物清潔劑，用鉛筆寫下標籤，貼在瓶子上。

第二步：往兩個瓶子內加溫水，搖動瓶子，使裡面的清潔劑和溫水充分

混合溶解。

第三步：往兩個瓶子裡面各放一個雞蛋，注意存放在溫暖的地方（避免
直接接觸熱源），放置幾天後觀察現象。

遊戲現象

你會發現，標有普通清潔劑的瓶子，裡面的雞蛋沒有任何變化；而
含酶清潔劑裡面浸泡的雞蛋，出現了蟲噬般的腐蝕現象。

科學揭秘

這是因為酶的分解作用。酶是由蛋白質組成的（少數酶是由RNA組
成的），是生物體內細胞產生的一種生物催化劑。酶能在機體中十分溫
和的條件下，高效率地催化各種生物化學反應，促進生物體的新陳代
謝。生命活動中的消化、吸收、呼吸、運動和生殖都是酶促反應過程。

含酶的生物清潔劑，促使了雞蛋的分解。胃在消化分解食物的時
候，道理是一樣的。我們的身體在消化食物的時候，產生了酶，酶將食
物的分子分開，使它們溶於水，有利於身體各個消化系統更好的工作。

９、唾液是如何產生的？

　　你是不是感到奇怪：我們的口腔內為什麼總是在分泌唾液呢？下面這個小遊戲將為你揭開謎底。

遊戲道具

　　麵粉少量，碘酒溶液少許，冷水、熱水和溫水各適量，勺子一把，杯子一個，茶匙一支，試管一支，玻璃瓶一個，盤子一個，眼藥水滴嘴一個。

遊戲步驟

第一步：杯子裡面放一勺麵粉，加少量冷水，攪拌均勻後，將杯子倒滿熱水。

第二步：杯子裡面的混合物冷卻後，用勺子舀少許放在盤子上，往混合物上面滴幾滴碘酒溶液，觀察現象。

第三步：往試管內添加盡可能多的唾液，再添加一勺混合物，用手指堵住試管口，用力搖晃。

第四步：玻璃瓶內倒入溫水適量，然後將試管浸入溫水中，但注意不要讓溫水進入試管。

第五步：每半個小時用眼藥水滴嘴從試管內吸取少量混合溶液放到洗乾淨的盤子裡面，往混合溶液上面滴加碘酒溶液，觀察現象。

遊戲現象

第二步你會發現水和麵粉的混合物變成了藍色，這說明混合物裡面有澱粉存在；第五步，你會發現隨著時間的推移，碘酒溶液使混合溶液的顏色發生了改變；時間越長，顏色改變的越明顯，直到顏色完全改變。

科學揭秘

唾液中同樣含有酶，這種酶被稱為澱粉酶。澱粉酶能夠使澱粉轉化為麥芽糖，有利於人體的吸收。

我們在吃飯的時候可以體驗一下：慢慢咀嚼一口饅頭，一開始會感覺饅頭有點鹹味，咀嚼一段時間後，饅頭變甜了，這是唾液中的澱粉酶在發生作用。

我們身體中產生的各種酶，可以將食物進行消化分解，將食物轉化成比較容易消化的物質。

10、觀察瞳孔的變化

眼睛的瞳孔，會隨著光線強弱的變化而變化。

遊戲道具

鏡子一個，檯燈一盞。

遊戲步驟

第一步：挑選一間光線昏暗的房間，打開檯燈，使檯燈的光線強烈，但避免光線直射眼睛。在鏡子中觀察瞳孔的大小。

第二步：關掉燈，在光線較弱的房間內，透過鏡子觀察瞳孔的大小。

遊戲現象

在光線較強的時候，瞳孔比較小；光線較弱的時候，瞳孔變大。

科學揭秘

瞳孔指虹膜中間的開孔，是光線進入眼內的門戶眼睛中的虹膜呈圓盤狀，中間有一個小圓孔，這就是我們所說的瞳孔，也叫「瞳仁」。瞳孔在亮光處縮小，在暗光處散大。只有足夠的光線，我們的眼睛才能看到物體。在光線不充足的時候，為了更好的捕捉光線，瞳孔放大，以便

使更多的光線進入眼睛；光線強烈的時候，為了避免眼睛被灼傷，瞳孔縮小，將一部分光線阻擋在眼睛外面。

某些動物在光線很弱的夜間能夠看見東西，是因為眼睛構造的奇特。比如貓，在夜間的視力比白天更強，這是因為牠們的眼睛裡面有大量細胞，能將十分細微的光線納入眼中。

眼鏡蛇在夜間也可以清楚的看到東西。眼鏡蛇的眼睛構造十分奇特，在眼睛和鼻子之間，佈滿了很多小窩，這些小窩由很多細胞組成，可以靈敏地捕捉到光線發出的熱量，準確定位獵物的位置。

11、你能夠瞄準嗎？

　　閉上一隻眼睛，用另一隻眼睛瞄準槍的準星，射擊目標時會更加準確。一隻眼睛瞄準東西，是否比一雙眼睛更精準呢？

遊戲道具

　　白紙一張，鉛筆一枝。

遊戲步驟

第一步：在白紙上用鉛筆畫一個點。

第二步：將白紙挪離。

遊戲現象

　　在光線較強的時候，瞳孔比較小；光線較弱的時候，瞳孔變大。

科學揭秘

　　瞳孔指虹膜中間的開孔，是光線進入眼內的門戶眼睛中的虹膜呈圓盤狀，中間有一個小圓孔，這就是我們所說的瞳孔，也叫「瞳仁」。瞳孔在亮光處縮小，在暗光處散大。只有足夠的光線，我們的眼睛才能看到物體。在光線不充足的時候，為了更好的捕捉光線，瞳孔放大，以便使更多的光線進入眼睛；光線強烈的時候，為了避免眼睛被灼傷，瞳孔縮小，將一部分光線阻擋在眼睛外面。

　　某些動物在光線很弱的夜間能夠看見東西，是因為眼睛構造的奇特。比如貓，在夜間的視力比白天更強，這是因為它們的眼睛裡面有大

量細胞，能將十分細微的光線納入眼中。

眼鏡蛇在夜間也可以清楚的看到東西。眼鏡蛇的眼睛構造十分奇特，在眼睛和鼻子之間，佈滿了很多小窩，這些小窩由很多細胞組成，可以靈敏地捕捉到光線發出的熱量，準確定位獵物的位置。

國家圖書館出版品預行編目資料

每天玩一點科學遊戲／腦力&創意工作室編著.
－－第一版－－臺北市：宇炯文化 出版；
紅螞蟻圖書發行，2013.1
面　公分－－（動動腦；2）
ISBN 978-957-659-925-5（平裝）

1.科學 2.科學實驗 3.通俗作品

307.9　　　　　　　　　　　　101026881

動動腦 02

每天玩一點科學遊戲

編　　著／腦力&創意工作室
美術構成／Chris' office
校　　對／楊安妮、朱慧蒨、周英嬌
發 行 人／賴秀珍
總 編 輯／何南輝
出　　版／宇炯文化 出版有限公司
發　　行／紅螞蟻圖書有限公司
地　　址／台北市內湖區舊宗路二段121巷19號（紅螞蟻資訊大樓）
網　　站／www.e-redant.com
郵撥帳號／1604621-1　紅螞蟻圖書有限公司
電　　話／(02)2795-3656（代表號）
傳　　真／(02)2795-4100
登 記 證／局版北市業字第1446號
法律顧問／許晏賓律師
印 刷 廠／卡樂彩色製版印刷有限公司
出版日期／2013年 1 月　第一版第一刷
　　　　　2018年 1 月　　　　第二刷

定價 320 元　　港幣 107 元

ISBN　978-957-659-925-5　　　　　　Printed in Taiwan